— 5G丛书 —

FIFTH GENERATION

MOBILE
COMMUNICATION

U0394563

深入浅出5G
移动通信

刘毅　刘红梅　张阳　郭宝 / 编著

机械工业出版社
CHINA MACHINE PRESS

本书结合当前国内外 5G 移动通信技术研究现状和发展趋势，从 5G 理论技术研究、5G 网络部署规划及典型应用等方面系统性地介绍了 5G 的全貌。首先回顾历代移动通信系统的演进，指出了 5G 的发展路径与进程；然后阐述 5G 的基本原理、网络架构及关键技术，研究了 5G 网络的体系架构及核心功能；随后深入分析 5G 网络部署及规划，系统呈现了关于 5G 部署演进路线与网络规划的分析建议；最后详细介绍 5G 应用场景及典型用例，探讨了 5G 技术的应用对人们社会生活的影响。

本书主要适合作为通信与信息类专业本科、高职高专层次移动通信课程的教材，也可供从事移动通信网络规划、研究、设计等工程技术的人员与广大通信爱好者学习和参考。

图书在版编目（CIP）数据

深入浅出 5G 移动通信/刘毅等编著 . —北京：机械工业出版社，2019.1
（2025.1 重印）
（5G 丛书）
ISBN 978-7-111-61844-7

Ⅰ. ①深…　Ⅱ. ①刘…　Ⅲ. ①无线电通信-移动通信-通信技术
Ⅳ. ①TN929.5

中国版本图书馆 CIP 数据核字（2019）第 011395 号

机械工业出版社（北京市百万庄大街 22 号　邮政编码 100037）
策划编辑：李馨馨　责任编辑：李馨馨　秦　菲
责任校对：张艳霞　责任印制：常天培
北京机工印刷厂有限公司印刷

2025 年 1 月第 1 版·第 9 次印刷
169mm×239mm·16.5 印张·402 千字
标准书号：ISBN 978-7-111-61844-7
定价：69.00 元

凡购本书，如有缺页、倒页、脱页，由本社发行部调换

电话服务　　　　　　　　　　　　网络服务

服务咨询热线：（010）88361066　　机工官网：www.cmpbook.com
读者购书热线：（010）68326294　　机工官博：weibo.com/cmp1952
　　　　　　　　　　　　　　　　金书网：www.golden-book.com

封面无防伪标均为盗版　　　　　教育服务网：www.cmpedu.com

前言

Preface

随着互联网和物联网的高速发展，高清视频、VR／AR、智能设备等新业务层出不穷，未来通信网络将实现更多更灵活、可靠、智能化的用户体验服务。为了适应新的更多样的业务需求，满足对于未来万物联网的构想，实现真正意义上的万物互通互联，未来移动通信网络不仅对网速提出了高要求，同时还对接入密度、网络延迟、网络可靠性等方面提出了更高的要求。比如，峰值速率要求 10 Gbit/s 以上，连接密度要求百万级，时延要求 ms 级。现有通信网络已无法满足这种多样化的业务需求，第五代移动通信（5G）技术应运而生。5G 是国际电信联盟（ITU）制定的第五代移动通信标准，它的正式名称是 IMT-2020。如果说 3G 和 4G 使人与人相联，5G 存在的真正意义在于：为万物互联打下基础。这种全新的网络接入方式将万事万物以最优的方式连接起来，这种统一的连接架构将会把移动技术的优势扩展到全新行业，并创造全新的商业模式。

目前，5G 的研究处于关键发展阶段，各种关键技术研究进展迅速，全球主要国家和地区纷纷提出 5G 试验计划和商用时间表，力争引领全球 5G 标准与产业发展。随着我国经济的不断发展，人们的消费意识也在发生着翻天覆地的变化，用户对网络性能的要求已经越来越高，同时，大数据、无人驾驶和物联网等新产业的兴起，让人们对 5G 的期待达到了前所未有的高度。目前市场上关于介绍 5G 移动通信技术的书籍还比较少，远不能满足广大通信从业者和爱好者的需求。针对于此，笔者根据自己多年从事移动通信工作的实践经验及理论研究，编写了本书，在全球 5G 时代即将来临的时机，希望能够给通信行业的从业者和爱好者日后的工作和生活提供参考。

本书系统全面地介绍了 5G 移动通信技术的基本原理、关键技术、网络部署规划以及典型应用等方面的内容。本书采取理论性与应用性相结合的方式，通过对移动通信网络发展历程的详细介绍、基本理论的深入分析及典型应用的重点阐述，帮助读者对整个 5G 移动通信技术有全面性的认识。全书主要分为 6 章。第 1 章 5G 网络发展概述，主要介绍了历代移动通信系统的演进路线以及 5G 技术发展现状。第 2 章 5G 基本原理与网络架构，主要介绍了 5G 全新网络架构、5G 基本原理和 5G 基本业务信令流程。第 3 章 5G 关键技术，主要从全频谱、新空口、新架构和新特性 4 个方面介绍了上下行解耦、新型多址方式、MEC 和 Massive MIMO 等 10 多项关键技术。第 4 章 5G 网络部署策略，主要分析了 4G 与 5G 融合部署演进以及在现有网络基础上面向 5G 网络的储备与改造。第 5 章 5G 网络规划，主要介绍了 5G 的频谱特性和传播模型、5G 网络规划仿真以及 5G 组网建议。第 6 章 5G 三大应用场景与典型用例，主要介绍了 5G 在移动宽带 MBB、超可靠机器类通信以及大规模机器通信三方面的应用，并阐述了 5G 对人们社会生产、工作和生活中的影响。此外，结束语总结了全书主要内容，并对 5G 技术的未来应用进行展望。附录列出了 5G 常见缩写的含义以及简要介绍。

笔者在编著本书过程中，借鉴了大量国内外关于 5G 的行业标准、技术文件及资料，并结合了笔者在从事移动通信工作的理论研究和实践中所总结出的经验。由于笔者水平有限而且时间仓促，书中错误和疏漏之处在所难免，希望广大读者予以批评指正。

目录

Contents

第 1 章

5G 网络发展概述

1.1　移动通信网络发展概述

移动通信的发展历史可以追溯到19世纪。1864年麦克斯韦从理论上证明了电磁波的存在，1876年赫兹用实验证实了电磁波的存在，1896年马可尼在英国进行的14.4公里通信试验成功，从此世界进入了无线电通信的新时代。现代意义上的移动通信开始于20世纪20年代初期。从1G到4G再到即将来临的5G，通信技术的发展十分迅速，和人类历史一样，通信技术的发展史也是卷帙浩繁、精彩纷呈的。

1.1.1　1G模拟时代

1G即第一代移动通信技术，在美国芝加哥诞生。1G采用频分多址（FDMA）技术和模拟技术，由于受到传输带宽的限制，不能进行移动通信的长途漫游，只能进行区域性的移动通信。

1G通信技术只能用于打电话，不能发短信或上网。同时，1G模拟通信技术有很多的缺陷，如收听效果不稳定、声音质量不佳、保密性不足、无线带宽利用不充分等。1G主要系统为AMPS，该制式在加拿大、南美、澳洲以及部分亚太地区被广泛采用，而中国内地在20世纪80年代初期移动通信产业还是一片空白，直到1987年的广东第六届全运会上，蜂窝移动通信系统才正式启动。

1.1.2　2G数字时代

2G摆脱1G模拟调制技术，实现数字化通信，较上代技术而言主要在声音质量、保密性、系统容量上有重大的改变，同时增加数据传输服务。2G时代主要包含欧洲主导的GSM（Global System for Mobile Communications）系统和美国主导的CDMA（Code Division Multiple Access）系统。

GSM系统采用TDMA多址方式和FDD双工方式，每载频支持8个信道，频率带宽200 kHz。GSM的缺陷是容量有限，当用户过载时，就必须建立更多的基站。不过，GSM的优点也比较突出：易于部署，且采用全新的数字信号编码取代原来的模拟信号；支持国际漫游；提供SIM卡，方便用户在更换手机时仍能存储个人资料；能发送160字长度的短信等。

CDMA 采用码分多址技术，容量是 GSM 的 10 倍以上，并且采用加密技术，提高通话的安全性。相比 GSM 有通话质量好、掉话少、低辐射、健康环保等显著优势。在数据业务上，CDMA2000 1X RTT 与 GPRS 在技术上已有明显不同，在传输速率上 1X RTT 高于 GPRS。但技术上的优势并不能完全决定制式的应用，受限于产业链发展的滞后与高铁专利的集中，CDMA 技术的应用远不及 GSM 来得广泛，这不得不说也是一种遗憾。

1.1.3　3G 数据时代

3G 是指将无线通信与国际互联网等多媒体通信结合的新一代移动通信系统，构建在数字数据传输上，被视为是开启移动通信新纪元的关键。

3G 主流的三种制式分别是 CDMA2000、WCDMA、TD-SCDMA。CDMA 是第三代移动通信系统的技术基础，以其频率规划简单、系统容量大、频率复用系数高、抗多径能力强、通信质量好、软容量、软切换等特点显示出巨大的发展潜力。ITU 对第三代移动通信系统的频率规划为 TD-SCDMA 使用 2110~2170 MHz 频段；WCDMA 使用 1900~2025 MHz 频段；CDMA2000 使用 2110~2170 MHz 频段。其中 CDMA2000 和 WCDMA 均采用直接序列扩频码分多址、频分双工 FDD 方式；TD-SCDMA 则采用时分双工 TDD 与 FDMA/TDMA/CDMA 相结合的方式。

3G 能够处理图像、音乐、视频流等多种媒体形式，提供包括网页浏览、电话会议、电子商务等多种信息服务。为提供这种服务，无线网络必须能够支持不同的数据传输速度。3G 在 2G 的基础上不但提高了语音通话安全性，也解决了移动互联网相关网络和数据高速传输的问题。

1.1.4　4G 无线宽带时代

4G 是指第四代无线蜂窝电话通信协议，集 3G 与 WLAN 于一体，是专为移动互联网而设计的通信技术，从网速、容量、稳定性上相比之前有质的飞跃，传输速率更高。

4G 包括 TD-LTE 和 FDD-LTE 两种制式。严格意义上来讲，LTE 只是 3.9G，尽管被宣传为 4G 无线标准，但实际上还未达到 4G 的标准，只有升级版的 LTE Advanced 才满足国际电信联盟对 4G 的要求。TD-LTE 和 FDD-LTE 两种制式分别对应 TDD 和 FDD 两种不同的双工模式。TDD 为时分双

工，上下行在同一频段上按照时间分配交叉进行，可以更好地利用频谱资源，更易于布置；FDD 为频分双工，上下行分处不同频段同时进行，数据传输能力更强。虽然名义上 4G 的这两种制式是由 TD-SCDMA 和 WCDMA 演进而来，但实际上 4G 采用 OFDM 方式调制下行，SC-OFDM 方式调制上行，与 3G 时代调制方式有天壤之别。

回顾移动通信 1G 到 4G 的速率与业务发展变迁（如图 1-1 所示），每一代移动通信系统都可以通过标志性能力指标和核心关键技术来定义。1G 采用 FDMA，即频分多址，只能提供模拟语音业务；2G 主要采用 TDMA，即时分多址，可提供数字语音、短信和低速数据业务；3G 采用 CDMA，即码分多址，用户峰值速率达到 2 Mbit/s 至数十 Mbit/s，可以支持多媒体数据业务；4G 采用 OFDMA，即正交频分多址，用户峰值速率可达 100 Mbit/s，能够支持各种移动宽带数据业务。

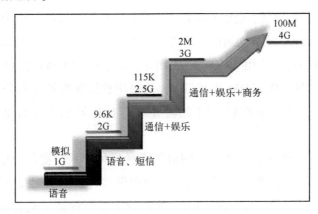

图 1-1　1G 到 4G 速率与业务发展变迁

1.2　5G 是什么

在解释"5G 是什么"这个问题之前，首先需要解释"为什么需要 5G"。随着移动互联网的不断发展，高清视频、VR/AR 等新业务层出不穷，预计未来 10 年，移动通信网络将会面对 1000 倍的数据容量增长，10~100 倍的用户速率需求，同时万物物联的发展以及工业 4.0 等垂直行业的渗透需求；而现有 4G 网络主要面向 MBB（移动宽带）场景，设计技术标准为端到端时延 30~50 ms，下行 100 Mbit/s 上行 50 Mbit/s 的峰值吞吐量，如图 1-2 所示。当前的网络技术已经无法满足未来移动通信的需要，因此 5G 网络应运而生。

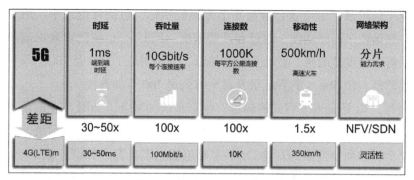

5G	时延	吞吐量	连接数	移动性	网络架构
	1ms 端到端 时延	10Gbit/s 每个连接速率	1000K 每平方公里连接数	500km/h 高速火车	分片 能力需求
差距	30~50x	100x	100x	1.5x	NFV/SDN
4G(LTE)m	30~50ms	100Mbit/s	10K	350km/h	灵活性

图 1-2　5G 与 4G 的性能差距

　　5G 是国际电信联盟（ITU）制定的第五代移动通信标准，它的正式名称是 IMT-2020。相比 4G 只面向 MBB 一种场景，5G 致力于在 eMBB（增强移动宽带）、mMTC（海量物联）、uRLLC（高可靠低时延）三个领域为用户提供服务，如图 1-3 所示。eMBB 将提供更高的系统容量以及更快的无线接入速率，从而满足未来虚拟现实 VR/AR、超清视频以及移动游戏等应用服务；mMTC 方面，预计到 2020 年，各种物联网应用将得到广泛普及，智能电网、智能物流、智慧城市、移动医疗、车载娱乐、运动健身等海量物联需求将迅速填充物联网管道；而 uRLLC 则将会在车联网、工业精确控制、无人机远程监测、入侵检测、急救人员跟踪等场景发挥巨大作用。

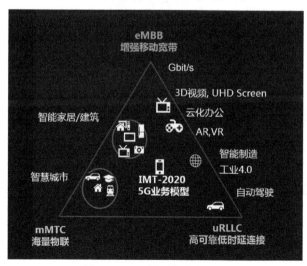

图 1-3　5G 应用体验多样化

为达成 5G 在上述三大场景的应用，5G 在标准性能设计时，不再单一考虑对速率的增强，而是综合衡量 6 个方面的指标，包括峰值速率、用户体验速率、频谱效率、移动性、时延和连接密度。同时，5G 使能未来通信最关键的三个需求维度是时延、吞吐量、连接数，分别对应 1、10 及 100，即 1 ms 的端到端时延，10 Gbit/s 的吞吐量及每平方公里 100 万的连接。

同时，5G 还是商业模式的转型、生态系统的融合，如图 1-4 所示。正如下一代移动网络（NGMN）所定义的，5G 是一个端到端的生态系统，它将打造一个全移动和全连接的社会。5G 主要包括生态、客户和商业模式三方面，它交付始终如一的服务体验，通过现有的和新的用例，以及可持续发展的商业模式，为客户和合作伙伴创造价值。

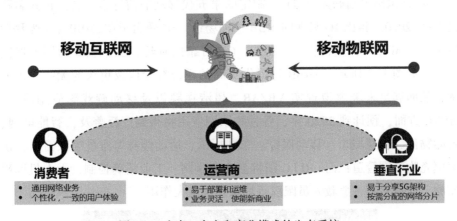

图 1-4　生态、客户和商业模式的生态系统

而对于运营商而言，5G 在物联网及垂直行业等领域的应用前景，将进一步帮助运营商拓宽商业边界，支持运营商从 B2C 行业向 B2B 行业的延展。同时，5G 通过虚拟化在电信网络上打通开源平台，可以让更多的第三方和合作伙伴参与进来，从而激发更多的创新和价值。

1.3　5G 面临的挑战

1.3.1　硬件设备器件的挑战

硬件设备主要包括基带数字处理单元以及 ADC/DAC/变频和射频前端

等模拟器件。为了追求更高的吞吐量和更低的空口用户面时延，5G采用更短的调度周期及更快的HARQ反馈，这对5G系统和终端的基带处理能力要求更高，从而给数字基带处理芯片工艺带来更大挑战。5G支持的频段更高、载波带宽更宽、通道数更多，对模拟器件也提出了更高的要求，主要包括ADC/DAC、功放和滤波器。ADC/DAC为支持更宽的载波带宽（如1GHz），需支持更高的采样率。功放为支持4GHz以上高频段和更高的功放效率，需采用GaN材料。基站侧通道数激增，导致滤波器数量相应增加，工程上需进一步减小滤波器体积和重量，如采用陶瓷滤波器或小型化金属腔设计等有效手段。总之，模拟器件的主要挑战在于产业规模不足，新型功放器件的输出功率/效率、体积、成本、功耗以及新型滤波器的滤波性能等尚不满足5G规模商业化要求，特别是射频元器件和终端集成射频前端方面，尽管已具备一定研发和生产能力，但需要在产业规模、良品率、稳定性和性价比等方面进一步提升。至于未来的毫米波段，则无论是有源器件还是无源器件，对性能要求更高，需要业界付出更大的努力。

1.3.2　多接入融合的挑战

移动通信系统从第一代到第四代，经历了迅猛的发展，现实网络逐步形成了包含多种无线制式、频谱利用和覆盖范围的复杂现状，多种接入技术长期共存成为突出特征。在5G时代，同一运营商拥有多张不同制式网络的状况将长期存在，多制式网络将至少包括4G、5G以及WLAN。如何高效地运行和维护多张不同制式的网络、不断减少运维成本、实现节能减排、提高竞争力是每个运营商都要面临和解决的问题。面向2020年及未来，移动互联网和物联网业务将成为移动通信发展的主要驱动力。如何实现多接入网络的高效动态管理与协调，同时满足5G的技术指标及应用场景需求是5G多网络融合的主要技术挑战。具体包括网络架构、数据分流和连接与移动性控制三方面的挑战。

（1）网络架构的挑战　5G多网络融合架构中将包括5G、4G和WLAN等多个无线接入网和核心网。如何进行高效的架构设计，如核心网和接入网锚点的选择，同时兼顾网络改造升级的复杂度、对现网的影响等是网络架构研究需要解决的问题。

（2）数据分流的挑战 5G多网络融合中的数据分流机制要求用户面数据能够灵活高效地在不同接入网传输；最小化对各接入网络底层传输的影响；根据部署场景和性能需求进行有效的分流层级选择，如核心网、IP或PDCP分流等。

（3）连接与移动性控制的挑战 5G中包含了更多复杂的应用场景及更加多样的接入技术，同时引入了更高的移动性性能要求。与4G相比，5G网络中的连接管理和控制需要更加简化、高效、灵活。

1.3.3　网络架构灵活性的挑战

5G承载的业务种类繁多，业务特征各不相同，对网络要求不同。业务需求的多样性给5G网络规划和设计带来了新的挑战，包括网络功能、架构、资源、路由等多方面的定制化设计挑战。5G网络将基于NFV/SDN、云原生技术实现网络虚拟化、云化部署，目前受限于容器技术标准尚未明确和产业发展尚未成熟的情况，5G网络云化部署将面临用户面转发性能待提升、安全隔离技术待完善等方面的挑战。5G网络基于服务化架构设计，通过网络功能模块化、控制和转发分离等使能技术，可以实现网络按照不同业务需求快速部署、动态的扩缩容和网络切片的全生命周期管理，包括端到端网络切片的灵活构建、业务路由的灵活调度、网络资源的灵活分配以及跨域、跨平台、跨厂家，乃至跨运营商（漫游）的端到端业务提供等，这些都给5G网络运营和管理带来新的挑战。

1.3.4　灵活高效承载技术的挑战

承载网络的高速率、低时延、灵活性需求和成本限制。5G网络带宽相对4G预计有数10倍以上的增长，导致承载网速率需求急剧增加，25/50 Gbit/s高速率将部署到网络边缘，25/50 Gbit/s光模块低成本实现和WDM传输是承载网的一大挑战；URLLC业务提出的毫秒级超低时延要求则需要网络架构的扁平化和MEC的引入以及站点的合理布局，微秒级超低时延性能是承载设备的另一个挑战；5G核心网云化及部分功能下沉、网络切片等需求导致5G回传网络对连接灵活性的要求更高，如何优化路由转发和控制技术，满足5G承载网路由灵活性和运维便利性需求，是承载网的第三个挑战。

1.3.5 终端技术的挑战

与4G终端相比，面对多样化场景的需求，5G终端将沿着形态多样化与技术性能差异化方向发展。5G初期的终端产品形态以eMBB场景下手机为主，其余场景（如URLLC和mMTC）的终端规划将随着标准与产业的成熟而逐步明朗。5G的多频段大带宽接入以及高性能指标对终端实现提出了天线、射频等方面的新挑战。从网络性能角度，未来5G手机在Sub-6GHz（6GHz以下）频段可首先采用2T4R作为收发信机基本方案。天线数量增加将引起终端空间与天线效率问题，需对天线设计进行优化。对Sub-6GHz频段的射频前端器件需根据5G新需求（如高频段、大带宽、新波形、高发射功率、低功耗等）进行硬件与算法优化，进一步推动该频段射频前端产业链发展。

1.4 5G协议发展现状

关于5G未来标准的最终形成，业界倾向于统一的标准，而非2G、3G时代的多制式标准并行。目前5G标准制定工作正稳步推进，并呈现快速发展趋势。

1.4.1 协议标准制定组织

5G相关的研究工作正在各标准化组织中进行，5G标准化的进程凝聚了各标准化组织的贡献。各标准化组织间已建立联络和协作机制，根据推进计划和时间需求，共同推动5G的标准化工作。

在这些组织中，3GPP是5G标准化工作的核心机构。3GPP成立于1998年12月，其最初的工作范围是为第三代移动通信系统制定全球适用的技术规范和技术报告。随后3GPP的工作范围增加对EUTRA长期演进系统（LTE）的研究和标准制定，其工作职责不再局限于3G标准。目前3GPP已发展成为拥有ETSI、TIA、TTC、ARIB、TTA和CCSA 6个组织伙伴（OP）、13个市场伙伴（MRP）和300多家独立成员的标准制定领导机构。

3GPP制定的标准规范以Release作为版本进行管理，平均1~2年就会完成一个版本的制定，R15是5G的第一个标准版本。

1.4.2　IMT-2020工作整体计划

2015年10月26-30日，在瑞士日内瓦召开的无线电通信全会上，ITU-R正式批准三项有利于推进5G研究进程的决议，正式确定5G标准的法定名称为IMT-2020。由此IMT-2020与IMT-2000、IMT-Advanced共同构成代表移动通信发展历程的"IMT家族"。

在ITU-R WP5D第22次会议上，ITU-R已批准IMT-2020的愿景和标准化工作时间表。时间计划大体分为三个阶段，一是会议期间，主要完成5G基本概念等内容的讨论；二是到2017年底，主要是为征集候选技术做准备，制定技术评估方法；三是征集候选技术，进行技术评估，选择关键技术，最后于2020年完成标准。ITU将与通信行业及各个国家和地区标准制定的机构密切合作，共同开发无线电网络系统，为5G标准所需的技术性能要求提供支持，并要求参与者严格遵守所制定的时间表。

回顾IMT家族的标准制定和网络部署历程，IMT-2000从提出到完成第一个标准版本共经历15年；而为加快5G的商用，IMT-2020从2015年提出5G愿景到计划2020年完成5G标准冻结，将这一进程缩短到5年。

1.4.3　IMT-2020 5G协议框架

R15协议是3GPP第一个5G标准，主要研究5G的Phase1阶段。完成NR框架的定义，明确NR采用的波形、信道编码、帧结构、灵活双工模式等。架构上明确上下行解耦，CU-DU分离，NSA/SA组网等解决方案。其重点聚焦eMBB场景，同时对5G新增的uRLLC业务类型做明确定义。

R16协议研究的Phase2阶段将进一步研究NR新多址接入技术，6 GHz频谱以下的eMBB业务增强技术，以及毫米波的高频回传技术等。在R15基础上对NR协议框架做进一步完善和丰富，同时会更关注垂直行业；除在R15基础上对uRLLC业务做进一步的增强研究，也将全面开展大连接mMTC、D2D、车联网V2X和非授权频谱接入等行业领域的业务研究，满足eMBB、uRLLC及mMTC全部场景需求，如图1-5所示。

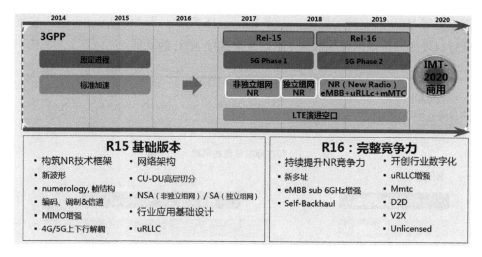

图1-5 IMT-2020协议框架

1.5 5G标准分裂的风险

为避免重蹈2/3/4G时代的覆辙，在5G协议标准制定之初，业界已经达成普遍共识，希望最终能够形成一个全球统一的5G标准。全球统一标准的意义不仅仅在于技术本身，更重要的在于对有效降低成本、提高广泛应用的可行性以及整个产业链的推动将起着巨大的作用。

由于5G协议标准相比2/3/4G要更为复杂，虽然IMT-2020多次缩短协议标准制定过程，确定在2020年前完成标准冻结，但随着4K、AR、VR，甚至是物联网的日渐兴起，现有4G网络已不能满足新业务、新终端的新需求。因此出现全新5G标准和在现有LTE标准基础上做部分能力增强的LTE-Evolution演进的两种方案，如图1-6所示。

于是将5G时代的部分功能提前到4G来实现成为一种方案。因此在Release12中出现4×4MIMO以及载波聚合，Release13～14中出现Massive MIMO版本中Massive CA以及NB-IoT等物联网技术，统一名称叫LTE Advanced Pro，也就是俗称的4.5G，这其中也包含其他很多新技术，比如MTC增强、D2D、大众安全、V2X、更低工作时延等。

全新5G协议标准从Release15开始，使用全新空口技术（如SCMA、F-OFDM、灵活Numerology等），峰值速率可以达到5 Gbit/s以上甚至20 Gbit/s，

重点拓展 MBB 大宽带的能力。未来 Release16 版本，即 5G phase2，进一步提升空口效率，重点增强物联网 IoT 以及大连接 MTC 的功能。

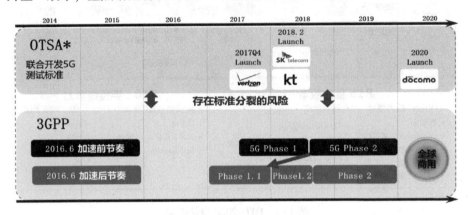

图 1-6　3GPP 和 OTSA 的 5G 竞争

LTE-Evolution 方案，主要是基于当前的 4.5G 网络继续强化，将 5G 时代实现的部分功能提前到 4G 来实现。如 4×4MIMO、Massive MIMO 等。其可以满足当前 LTE 网络的平滑演进需求，单其始终属于 4G 范畴，难以支撑 5G 所有功能。

最为典型的 LTE-Evolution 方案为美国运营商 Verizon 提出的 V5G 方案。V5G 是美国运营商 Verizon 发起的 OTSA V5G 标准，其目标是提供 28/39GHz 的固定无线接入能力，保证 2017 年商用，不包括 uRLLC 低时延和 mMTC 的大连接能力。其合作伙伴包括芯片厂商英特尔与高通，设备商思科、爱立信、诺基亚与三星，终端厂商三星与 LG。目前已发布物理层 D1.0 版本。

V5G 的出现也促使 3GPP 在 2017 年 7 月决定把部分 Phase1 功能提前半年在 2017 年 12 月发布，如图 1-6 所示，目的是支持运营商 2018 年测试和试商用，实现和 V5G 的竞争。

OTSA 与 3GPP 在事实上存在冲突和对抗，而且有协议分裂的风险，OTSA 协议是否会像之前的 3GPP2 一样被 3GPP 所击败并边缘化呢？

V5G 的特点是针对固定无线接入场景而设计，这个简单明确的应用场景直接影响协议功能和流程的设计。V5G 借鉴 LTE 的协议架构，也大量复用 LTE 的功能和流程，这样有利于其设备的快速商用和部署，实际上 V5G 的协议就是在 LTE 的协议基础上用修订的方式得到的，从表 1-1 的技术特点看，二者架构非常接近。

表 1-1　V5G 的协议和 LTE 的协议架构

技术点对比	V5G	3GPP LTE-A Pro
波形	上下行 OFDM	下行 OFDM，上行 SC-FDMA
双工方式	TDD	FDD/TDD
载波宽度	单载波 100 MHz，最大 8 载波	1.4~20 MHz，最大 8 载波
子载波间隔	75 kHz	15 kHz
峰值速率	6 Gbit/s	3 Gbit/s
帧结构	10 ms，包含 50 个子帧，每个子帧 0.2 ms，RB 结构同 LTE	10 ms，包含 10 个子帧，每个子帧 1 ms
调制方式	QPSK，16QAM，64QAM	QPSK，16QAM，64QAM
信道编码	LDPC，Turbo（可选）	Turbo
多天线支持	基站下行最多 8 个流，终端支持 2 个流	基站下行最多 8 个流，终端支持 2 个流

与 5G NR 不同，V5G 不支持 DC 和 multi-RAT，所以 V5G 无法支持 3G、4G、Wi-Fi、和 V5G 的载波聚合；另外 V5G 不支持小区重选，因此空闲态 UE 的移动性能力存在问题；同时也不支持 256QAM 以及高阶调制，更不支持 Massive MIMO，最大仅支持 8T8R。简单来说，V5G 基本上是一个仅为满足自己的需求，剔除大量功能的 LTE Pro 简化提升版，用标准 5G 的需求 eMBB、URLLC、MMTC 来衡量的话，其远远不能满足于低时延、大连接的需求，只能满足 MBB 或者 WBB。但是就像 V5G_300 协议中所说，OTSA 的 V5G 工作组先聚焦于固定无线接入场景，将来也并不排除其他应用场景，其未来的演进需要再过 1~2 年之后才能明确。

目前明确跟随 V5G 的运营商只有韩国的 KT 和 SKT，而美国其他运营商如 AT&T，T-Mobile 明确跟随 3GPP，中国、欧洲、日本等运营商明确会走 3GPP 之路。

1.6　全球 5G 网络发展进程

5G 作为新一轮全球竞争的产业制高点，话题度一直居高不下。不论是频谱、标准还是架构方面的任何举动和消息，都会引发业内的讨论，5G 的一举一动都牵动着产业界的每一根神经，下面主要介绍全球 5G 网络的发展进程。

1.6.1 逐步落地的频谱规划

频率资源是承载无线业务的基础，是所有研发和部署5G系统最关键的核心资源，明确频率规划对5G产业意义重大。

国际方面，美国监管机构FCC在2017年7月率先公布美国的5G频率规划。此后，欧盟在前期出台5G计划的基础上，紧锣密鼓地发布涉及中低频段和高频段的5G频谱战略和路线图，韩国和日本也在加速推进5G技术研发和频率规划。中国方面，2017年关于频谱方面的规划也在有条不紊地进行。2017年6月5日，我国工信部发布在3300~3600 MHz以及4800~5000 MHz之间应用5G的征求意见稿，5G技术研究往前迈出一大步。2017年6月8日，又进一步征集在高频段毫米波如何使用5G的征求意见，为我国的5G发展起到非常大的促进作用。2017年11月15日，工信部发布5G系统在3000~5000 MHz频段（中频段）内的频率使用规划，使我国成为国际上率先发布5G系统在中频段内频率使用规划的国家。规划明确3300~3400 MHz、3400~3600 MHz和4800~5000 MHz频段作为5G系统的工作频段。

1.6.2 首个5G NR标准冻结

5G标准作为商用的发令枪，得到业界的高度关注以及相关组织、企业的争相参与。在业界各方的共同努力下，2017年12月21日，第五代移动通信技术"5G NR"首发版在RAN第78次全会代表的掌声中正式冻结并发布，这是5G标准化的重要里程碑。按照3GPP规划，2018年6月，将完成独立组网5G新空口和核心网标准，支持增强宽带和低时延高可靠场景；到2019年9月，支持增强宽带、低时延高可靠、低功耗大连接三大场景，满足ITU技术要求。

1.6.3 5G系统架构和流程标准制定完成

网络架构是为设计、构建和管理通信网络提供一个构架和技术基础的蓝图，因此，在5G的进展中，网络架构也是非常重要的一点。新的网络对研究和标准化都极具挑战。5G系统架构和流程标准制定完成是无数研发和标准化人员夜以继日钻研的结果。

2018年6月14日，3GPP在美国举行全体会议，正式批准冻结第五代移动通信技术标准独立组网功能。5G NR非独立组网标准已于2017年12月冻结，至此第一阶段全功能完整版5G标准正式出台，5G商用进入全面冲刺阶段。

2017年5G NSA标准的冻结，使得5G的部署可以采用非独立组网方式，基于LTE网络、通过双连接方式实现5G超宽带（eMBB）业务。SA标准的冻结，则可实现真正的5G独立组网部署，从而带来"全功能"的5G网络能力，是5G发展的重要里程碑。但冻结的SA标准仅仅规范了基础的SA网络架构，其他网络架构选项还需要时间去定义及完成，预计将于2018年年底完成这个补充版本。

1.6.4　全球5G商用进展加快，技术方案已趋完备

美国在5G商用上积极主动，Verizon和AT&T宣布2018年年底在部分城市推出5G无线固定宽带业务，利用5G大带宽来解决家庭光纤宽带缺乏的问题。欧盟的5G计划要求成员国2018年展开预商用测试，2020年每个成员国至少有一个主要城市实现5G商用发布。韩国在刚刚举行的平昌冬奥会上提供沉浸式5G体验服务，包括同步观赛、互动时间切片、360度VR直播等，实现以运动员第一视角的高清直播，多角度高清摄像机的视频回传和实时合成。日本计划在东京奥运会前部署5G商用系统，以配合2020年东京奥运会和残奥会的举办。

我国工业和信息化部早在2015年就组织进行5G技术研发试验，并在北京怀柔规划全球最大的5G试验外场。2017年9月完成前两个阶段测试工作，对华为、爱立信、诺基亚等系统厂家的5G关键技术和集成方案进行验证，测试结果表明，所测技术及方案可以满足国际电信联盟所规定应用场景的关键指标。华为发布的3GPP 5G端到端预商用系统，在小区容量和速率、空口时延以及连接数等方面均突破ITU定义的5G能力指标，增强产业界按期商用的信心。第三阶段试验计划在2018年年底前完成，将遵循5G统一的国际标准，重点开展预商用设备的组网性能及相关互联互通测试。同时发改委发布通知，要求在重点城市开展5G规模组网建设及应用示范工程，这意味着中国也正在加速迈向5G商用。

1.7 面向 5G 网络的运营商的创新和转型

1.7.1 面向 5G 网络的运营商的创新思路

5G 是新一代移动通信技术发展的主要方向，是未来新一代信息基础设施的重要组成部分。4G 之前通信模式是人与人之间的通信，从 4G 之后将是人与人的通信、人与物的通信，以及物与物的通信模式。就目前来说，工业和信息化部正在推进技术标准制定；设备商方面，以华为和中兴为代表的各大设备商正加快技术研发；运营商方面，三大运营商正在加紧部署 5G 测试。

与 4G 相比，5G 不仅将进一步提升用户的网络体验感知，同时还将满足未来万物互联的应用需求，是物联网得以大面积应用的基础，也是更多"互联网+"创新的开端。从用户体验角度看，5G 具有更高的速率、更宽的带宽和更好的用户感知，从技术角度看，5G 网速将比 4G 提高 10 倍以上，只需要几秒钟就可以下载完成一部高清电影，能够满足用户对虚拟现实、超高清视频等更高的网络体验需求。从行业应用角度看，5G 具有更高的可靠性，更低的时延，能够满足智能制造、自动驾驶等行业应用的特定需求，拓宽融合产业的发展空间，支撑经济社会创新发展。

通信行业专家认为 5G 的机遇和挑战主要有四点，一是移动性设计，例如，高铁在300 km/h 的速度之下要保持高速的通信，这在技术上很难实现；二是低时延高可靠，车联网、无人驾驶能否真正领航全球，核心点为能否解决低时延高可靠问题；三是高容量热点，热点区域如何实现同时支撑千万级的数据需求；四是低功耗大连接，如何同时解决一个基站实现上亿个节点连接和能耗问题。

中国 IMT-2020（5G）推进组提出的 5G 愿景是"信息随心至、万物触手及"。随着 5G 的不断推进，当前全球各国都在争抢 5G 先发优势，运营商的创新要随之展开。

1. 用户侧，实现从客户到用户的思维和价值转变

在市场营销学和经济学理论中，客户的显著特征是需求集中，交易次数少；用户是正在使用产品或服务的消费者。用户是产品或服务的使用人；而客户是产品的购买者（包括代理、经销、消费者）。客户与运营商的关系是基于交易，而用户并不一定是产品或者服务的购买者。以客户为导向，营销是有效的；以用户为导向，体验才是关键。虽然只有一字之差，但是涉及的思维转变却非常巨大，其中体现了以价值链考量作为标准的改变。超越现有需求，通过统筹新产品和服务归纳用户需求，提升行业价值。

因此，运营商的创新应该从这一字之差开始。从体验角度，持续提升用户感知；从效益角度，不断延伸价值链。以感知提升，推进价值链拓展。着眼于拉近与用户的距离，寻找并扩展用户与运营商的连接点，延伸用户与运营商的双向价值链，实现与用户的沟通、互动和回馈的普惠制转变。通过探究获客成本、新增用户、留存用户、活跃用户和活跃度等，分析用户与运营商的价值走势。

2. 渠道侧，不断拓展与用户的连接点

在5G时代，获取用户的关键是，尽可能频繁地与用户进行沟通、互动和交易，将一次性或者短暂性的交易变成可持续性的联系。所以运营商的渠道战略应该重新定位。将主要产品销售的渠道转型为提供服务的接点。只有和用户产生粘性，才能为其提供更多增值服务，获取用户的终身价值。提高用户的粘性主要分为扩展用户的连接点和提高用户的参与度两个方面。

（1）扩展用户的连接点

在运营商与用户之间进行无形连接。如顺丰、京东，一个从物流配送扩展到商业服务，一个从商业服务扩展到物流配送；空气净化器制造商从单纯销售空气净化器转变为在空气净化器里内置传感器，企业能够掌握用户的使用习惯，并定期反馈，让用户感觉时刻受到关注。同时，企业在后期可以开展定向增值服务。运营商和用户之间最大的连接点正在遭受冲击，运营商正在慢慢退出用户的视野。

（2）提高用户的参与度

用户的参与不仅满足了用户的基本需求或者是个性化需求，更让运营商与用户建立了良好的双向联系。这不但提升了产品的竞争力，而且也提高了企业的营销能力。

3. 产品侧，从打破行业壁垒到实现跨界和融合

5G时代是一个万物互联的时代，用户需要的是一款符合其自身需求的高质量产品或者服务。用户的需求具有无限性。从运营商主动提供产品和服务的一方来考虑，开放和共享是理念，跨界和融合是未来的方向。

产品侧思维要从封闭走向开放，放开视野，将自身用户重新定位，由此前的本网用户扩大到全网用户，甚至扩大到互联网用户，这不仅极大地扩展了市场，对运营商自身而言，更是降本提效的好措施。

4. 组织侧，加快组织架构调整和人力资源改革

相对于互联网企业的扁平化组织模式，运营商是直线型领导的科层化组织模式，核心业务和重要管理事项都是通过 KPI 硬性去推广，具有短期内收效快的效果。但是弊端也非常明显，特别是在现今大的社会背景下，部门壁垒和协调难度很大，而且制度繁杂、流程冗长，审核程序过多。这直接导致运营商对市场需求的应变弹性小，更没有足够的耐心将新型业务培育成熟。

一切以指标为标准的衡量考核模式，即使采用"互联网+"业务，在运营商的推动下，其市场效益也会打折扣。5G 时代，物联网、云计算、OTT 和流量经营等业务将会爆发，这使得传统运营商的压力与日俱增。创新和改革已经不再是运营商锦上添花的行动，而成为运营商能否在未来万物互联时代生存的必要条件。

组织架构调整和人力资源转型将成为运营商的首要切入点。运营商的组织架构就需要朝着资源集中化、层级扁平化的方向改进，综合调整现有科层化模式，将规划制主导转变为用户需求引导。需要挖掘现有人力资源潜力，重点培养适合未来物联网转型发展的复合型人才，重视"互联网+"思维转变，并建立一套有面向未来市场竞争力的人力资源考核与激励机制。将有限的人工成本资源倾向于有创新价值的人员和团队，从而提升企业的整体竞争力。

运营商的创新和改革要把控好时间节奏，重视超前，在时间节点之前参与，在关键的时间节点输出，才能不断引领移动互联网行业发展，打好翻身仗。

1.7.2　面向 5G 网络的运营商转型思路

业务和市场需求是运营商面向 5G 网络架构演进的驱动力，根据移动网络演进技术方案，5G 网络能够提供多种连接手段，对网络的运营将变成对功能平台的运营。网络运营商需要直面挑战、打破固有模式，顺应业务及网络发展的需求，抓住 5G 网络发展的契机，顺势而为，寻求合适的运营转型思路。运营商面临的挑战及转型思路，如表 1-2 所示。

表1-2 运营商面临的挑战及转型思路映射表

运营商面临的挑战	运营转型思路
NFV/SDN 的引入对运营商现有移动核心网架构造成巨大冲击	向端到端服务和自动化运营管理方向转型
多样性需求对运营商网络提出挑战	向数据分析型运营管理转型
网元功能重构给组网带来挑战	向开放型运营转型

1. 向端到端服务和自动化运营管理方向转型

5G 核心网架构自动、灵活、快速、智能等功能特点决定了网络运营管理的关键能力。关键能力包括建立精细化、面向服务的端到端的管理视图，提供 NFV 系统端到端的服务管理能力；实现整个运营平台自动化运营管理和敏捷性运营管理。实现上述关键能力，满足提供实时数据分析能力的基本要求，运营商需要具备开放和标准化的接口、通用的信息模型和匹配关系。为应对挑战，运营商必须从原有独立的运营管理模式转向端到端的运营管理模式，提供一致的关联信息模型和接口实现多重资源的接入及管理；制定统一的流程，实现端到端行为、故障、配置、账户、性能、资源和安全管理流程；采取措施提高端到端管理信息的一致性。同时，运营商还需要加速服务和需求动态变化的应对能力，完成向自动化运营管理方向转型，实现对网络功能、应用和业务的敏捷管理。

2. 向数据分析型运营管理转型

大数据可为企业提供丰富的市场及用户信息，通过统计分析，这些信息能够帮助企业完成经营决策、实现发展目标。因此，利用大数据来推动业务转型已成为运营商重大的发展战略。数据分析型运营要求运营商能够实现对数据的实时运行管理功能。传统的数据管理功能主要使用的是统计分析功能，其对业务及服务的敏捷性要求不高，而 5G 网络是基于实时运行的管理功能，对数据管理与服务敏捷性之间的协同性要求提高。基于以上策略，要求开发一种自适应的方法，实现服务、应用程序、相关业务及业务流程等在相关数据接口上开放权限，完成数据驱动和数据控制功能，进一步推动 NFV 的稳定和演进。实现数据分析型运营管理与网络技术的发展演进相适应。5G 时代，电信运营商通过技术的进步，不断释放管道中庞大数据的潜在力量，挖掘其中蕴含的价值将会成为 5G 移动互联时代中最大的赢家。

3. 向开放型运营转型

5G 网络基于控制转发功能分离的架构原则，要求运营商搭建统一的网络能力开放平台,构建全网资源动态可视化,为第三方业务运营提供管控能力。能力开放平台与大数据分析中心进行对接与联动,对5G网络数据进行更详细的分析,充分发掘其蕴藏的价值。5G时代,要求运营商打破封闭运营的模式,向开放型运营模式转变。目前,中国移动、华为联合发起了OPEN-O项目,即开源协同器项目。OPEN-O能够帮助运营商、设备提供商、项目开发者等更快速地对齐需求,增强多厂商互联互通。同时,通过协同器开源,能够加强与产业界充分协作,加速行业标准的形成,用更低的成本、更短的时间解决多厂家系统集成的难题,帮助运营商加速运营转型,助力商业成功。

随着5G网络标准化工作的全面展开、技术研究的不断深入,技术难题将一一解决,运营商应抓住未来10年信息产业新的发展机遇,实现向综合化信息服务平台的战略转型,将5G网络服务与业务需求紧密结合,进一步增强服务定制化能力。"十三五"规划期是国家战略转型升级的关键期,也是运营商业务转型的关键时机。电信运营商应立足于属地化优势,加强管道资源、产品集成、行业洞察、IT自研和人才队伍5大能力建设,努力成为综合信息化解决方案提供商,实现可持续发展。

1.8 5G对经济发展的贡献及前景展望

数字化转型成为主要经济体的共同战略选择。当前,移动通信技术向各行各业融合渗透,经济社会各领域向数字化转型升级的趋势愈发明显。数字化的知识和信息已成为关键生产要素,现代通信网络已成为与能源网、公路网、铁路网相并列的、不可或缺的关键基础设施,移动通信技术的有效使用已成为效率提升和经济结构优化的重要推动力,在加速经济发展、提高现有产业劳动生产率、培育新市场和产业新增长点、实现包容性增长和可持续增长中正发挥着关键作用。依托新一代移动通信技术加快数字化转型,成为主要经济体提振实体经济、加快经济复苏的共同战略选择。

5G是数字化战略的先导领域。全球各国的数字经济战略均将5G作为优先发展的领域,力图超前研发和部署5G网络,普及5G应用,加快数字化转型的步伐。欧盟于2016年7月发布《欧盟5G宣言——促进欧洲及时部署第五代移动通信网络》,将发展5G作为构建"单一数字市场"的关键举措,旨在使欧洲在5G网络的商用部署方面领先全球。英国于2017年3月发布《下一代移动技术：英国5G战略》，从应用示范、监管转型、频谱规划、技术标准和安全等七大关键发展主题明确了5G发展举措，旨在尽早利用5G技术的潜在优势，塑造服务大众的世界领先数字经济。韩国发布的5G国家战略提出拟投入 $1.6×10^4$ 亿韩元（约合14.3亿美元），并计划在2018年平昌冬奥会期间由韩国电信开展5G预商用试验。

5G是经济社会数字化转型的关键使能器。未来，5G与云计算、大数据、人工智能、虚拟增强现实等技术的深度融合，将连接人和万物，成为各行各业数字化转型的关键基础设施。一方面，5G将为用户提供超高清视频、下一代社交网络、浸入式游戏等更加身临其境的业务体验，促进人类交互方式再次升级。另一方面，5G将支持海量的机器通信，以智慧城市、智能家居等为代表的典型应用场景与移动通信深度融合，预期千亿量级的设备将接入5G网络。更重要的是，5G还将以其超高可靠性、超低时延的卓越性能，引爆如车联网、移动医疗、工业互联网等垂直行业应用。总体上看，5G的广泛应用将为大众创业、万众创新提供坚实支撑，助推制造强国、网络强国建设，使新一代移动通信成为引领国家数字化转型的通用目的技术。

5G还将对四大典型行业：车联网、工业领域、医疗行业和能源领域带来经济影响。

（1）车联网

车联网是物联网技术在交通行业的典型应用，是物联网与智能汽车的深度融合，通过整合人、车、路、周围环境等相关信息，为人们提供一体化服务。依靠5G的低时延、高可靠、高速率、安全等优势，将有效提升对车联网信息及时准确采集、处理、传播、利用、安全能力，有助于车与车、车与人、车与路的信息互通与高效协同，有助于消除车联网安全风险，推动车联网产业快速发展。预计到2030年，中国车联网行业中5G相关投入（通信设备和通信服务）大约120亿元左右。

（2）工业领域

伴随我国加快实施制造强国战略，推进智能制造发展，5G将广泛深入应用于工业领域，工厂车间中将出现更多的无线连接，这将促使工厂车间网络架构不断优化，有效提升网络化协同制造与管理水平，促进工厂车间提质增效。预计到2030年，中国工业领域中5G相关投入（通信设备和通信服务）约达2000亿元。

（3）医疗行业

通过将5G技术引入医疗行业，将有效满足如远程医疗过程中低时延、高清画质和高可靠、高稳定等要求，推动远程医疗应用快速普及，实现对患者（特别是边远地区患者）进行远距离诊断、治疗和咨询。预计到2030年，中国远程医疗行业中5G相关投入（通信设备和通信服务）将达640亿元。

（4）能源领域

能源互联网是一种互联网与能源生产、传输、存储、消费以及市场深度融合的能源产业发展新形态，具有设备智能、多能协同、信息对称、供需分散、系统扁平、交易开放等主要特征。依托5G技术具备高速、实时和海量接入等特点，将进一步促进能源互联网扁平化、协同化、高效化和绿色化。预计到2030年，中国能源互联网行业中5G相关投入（通信设备和通信服务）将超100亿元。

第 2 章

5G 基本原理与网络架构

未来业务和应用需求的多样化，对速率、连接密度、时延、移动性、成本及效率有更高的要求，这就意味着对 5G 网络的需求将与 4G 截然不同，5G 将会是全新技术。同时 5G 网络应具备足够的弹性从而以最高效的方式满足多样化的业务特征、海量连接，以及大规模的容量要求，因而需要灵活的网络架构来提升频谱效率、增加连接数和降低时延。

2.1　5G 网络架构

在高速发展的移动互联网和不断增长的物联网业务需求的共同推动下，要求 5G 具备低成本、低能耗、安全可靠的特点。5G 信息通信将突破时空限制，给用户带来极佳的交互体验，极大缩短人与物之间的距离，并快速地实现人与万物的互通互联。

5G 网络结构总体需求明确规定支持多系统制式、统一鉴权架构、多系统同时接入，无线与核心网独立演进等，在需求方面普遍将灵活、高效、支持多样业务、实现网络即服务等作为设计目标；在技术方面，5G 网络结构通过核心网与接入网融合、移动性管理、策略管理、网络功能重组，来提供更好的移动业务体验、降低终端功耗、业务灵活配置等更高的业务服务能力。

2.1.1　5G 整体网络架构

5G 网络架构宏观上来看与 4G 类似，分为接入网与核心网两部分，5G 接入层称为 NG-RAN（NR），由 gNB（5G 基站）组成；5G 核心网由 AMF（控制面）、UPF（用户面）分离组成，如图 2-1 所示。

5G 的网络接口分为 Xn 和 NG 两种接口，Xn 接口为 gNB 之间的接口，支持数据和信令传输；NG 接口为 gNB 与核心网的接口，其中 NG2 连接 AMF，NG3 连接 UPF 的接口。gNB 和 UE 之间使用 NR 控制面和用户面协议，ng-eNB 和 UE 之间使用 e-UTRA 控制面和用户面协议。

5G 接入层 gNB 与核心网之间的功能划分，仍保持与 4G 网络一致，5G 接入层与核心网的功能分工如图 2-2 所示。

5G 接入层 gNodeB 与 4G 功能分工大致相同，其相关功能包括：无线资源管理功能（即实现无线承载控制）、无线许可控制和连接移动性控制，在上下行链路上完成 UE 上的动态资源分配（调度）；用户数据流的 IP 报头压缩和加密；UE 附着状态时 AMF 的选择；UPF 用户面数据的路由选择；执行由 AMF 发起的寻呼信息和广播信息的调度和传输；完成有关连接态用户移动性配置和调度的测量和测量报告。

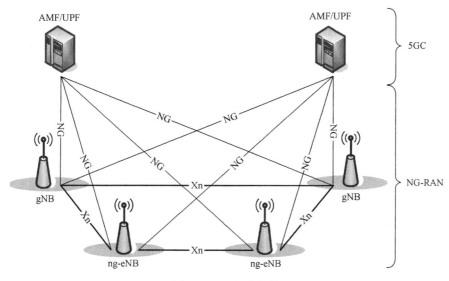

图 2-1　5G 网络架构

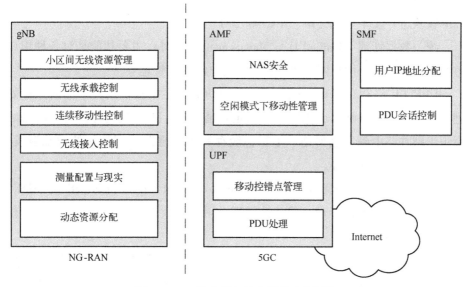

图 2-2　5G 接入层与核心网的功能划分

　　与4G相比，5G核心网控制面的逻辑功能被进一步细分，AMF和SMF分离为两个逻辑节点，网络用户面进一步下沉，如图2-3所示。

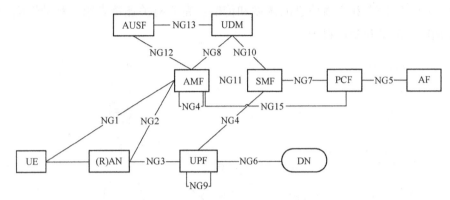

图2-3　5G核心网控制面的逻辑功能

　　会话管理功能（Session Management Function，SMF）主要负责会话管理相关工作，包括建立、修改、释放等，具体功能包括会话建立过程中的IP地址分配、选择和控制用户面、配置业务路由和UP流量引导、确定SSC模式、配置UPF的QoS策略等。

　　策略控制功能（Policy Control Function，PCF）和4G网络中的网元PCRF功能一致，从UDM获得用户签约策略并下发到AMF、SMF等，再由AMF、SMF模块进一步下发到终端、RAN和UPF。

　　统一数据管理（Unified Data Management，UDM）主要功能是对各种用户签约数据的管理、用户鉴权数据管理、用户的标识管理等。

　　UPF（User Plane Function，用户平面功能）主要提供用户平面的业务处理功能，包括业务路由、包转发、锚定功能、QoS映射和执行、上行链路的标识识别并路由到数据网络、下行包缓存和下行链路数据到达的通知触发、与外部数据网络连接等。

　　接入和移动性管理功能（Access and Mobility Management Function，AMF）实现注册管理、连接管理、移动性管理、用户可及性管理、参与鉴权和授权相关的管理等。

　　AUSF（Authentication Server Function）为鉴权服务器，实现对用户的鉴权和认证。UPF（User Plane Function）用户平面功能，代替4G中执行路由和转发功能的SGW和PGW。

1. 5G 核心网新架构

5G 时代，核心网必须满足 5G 低时延业务处理的时效性需求。4G 时代，核心网部署位置较高，一般在网络骨干核心层。如果 5G 核心网的位置依旧和 4G 相同，UE（User Equipment，用户设备）到核心网的时延将难以满足要求。因此，核心网下移以及云化成为 5G 发展的趋势，3GPP 已经将核心网下移纳入讨论范围，并推动 MEC（Mobile Edge Computing，移动边缘计算）的标准化。

（1）核心网架构的云化和下移

如图 2-4 所示，首先核心网从省网下沉到城域网，原先的 EPC（Evolved Packet Core，演进型分组核心网）拆分成 New Core 和 MEC 两部分：New Core 将云化部署在城域核心的大型数据中心；MEC 将部署在城域汇聚或更低的位置中小型数据中心。由此，New Core 和 MEC 之间的云化互联，需要承载网提供灵活的 Mesh 化 DCI（Data Center Interconnect，数据中心互联）网络进行适配。

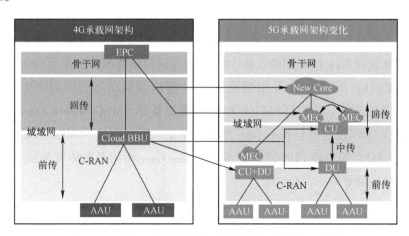

图 2-4　5G 核心网架构演进对承载网架构影响示意图

通过 EPC 拆分，可以将 MEC 部署在更靠近用户的边缘数据中心，同时核心 DC 所承担的部分计算、内容存储功能也相应地下沉到网络边缘，由边缘 DC 承担，并带来以下 4 点好处。

1）MEC 分布部署有利于内容下移，将 CDN（Content Delivery Network，内容分发网络）部署在 MEC 位置，提升 UE 访问内容的效率和体验，并减少上层网络的流量压力。

2）MEC 间可以就近进行资源获取、业务处理的协同交互以及容灾备份，时延低，带宽更容易获取，比传统通过上层核心网 DC 流量迂回更加高效便捷。

3）MEC 和 New Core 间的云化连接将实现资源池化，有利于资源负载均衡、灵活扩容。同时，云化后计算资源集中，可节约大量接入设备单独运算所消耗的能耗，降低成本。

4）MEC 之间、MEC 和 New Core 之间的全云化连接，有利于增强部署的灵活性，可以有效应对未来对时延和带宽要求的不确定性，如突发流量造成的网络堵塞等，同时可实现多种接入方式和不同制式的互通，减少传统方式下各种业务和接入方式的协同复杂度。

未来随着核心网下移和云化，MEC 将分担更多的核心网流量和运算能力，其数量会增加；而不同业务可能回传归属到不同的云，因此需要承载网提供不同业务通过 CU 归属到不同 MEC 的路由转发能力。而原来基站与每个 EPC 建立的连接也演进为 CU 到云（MEC）以及云到云（MEC 到 New Core）的连接关系。

图 2-5 为 5G 核心网云互联的三种类别，包括 MEC 间互联、MEC 与 New Core 的互联和 New Core 间的互联，MEC 间互联包括终端移动性所引起的 MEC 交互流量、UE 所属 MEC 发生变化但 V2X 等应用保持不切换而产生的与原 MEC 交互的流量、用户到用户的 MEC 直通流量等；MEC 与 New Core 的互联包括 MEC 未匹配业务与 New Core 的交互流量、New Core 和 MEC 控制面交互的流量、MEC 的边缘 CDN 回源流量等；New Core 间的互联体现为核心云 DC 之间的互联流量的一部分。

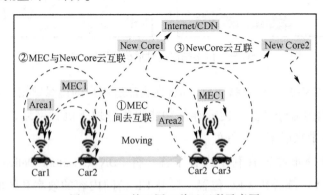

图 2-5　5G 核心网三种云互联示意图

（2）核心网云化数据中心的互联

基于上述 MEC、NewCore 间的网络互联需求，核心网下移将形成两层云互联网络，包括 New Core 间及 New Core 与 MEC 间形成的核心云互联网，以及 MEC 间形成的边缘云互联网。其中边缘的中小型数据中心将承担边缘云计算、CDN 等功能，如图 2-6 所示。

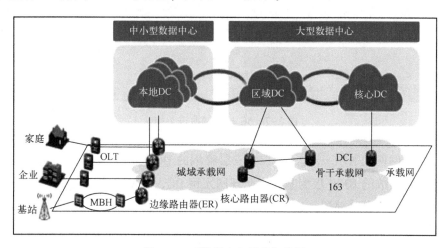

图 2-6　云数据中心网络架构图

作为 New Core 核心云网络的载体，大型数据中心需满足海量数据的存储、交换和计算的需求，构成数据中心网络的骨干核心。承载网需要提供超大的带宽（出口带宽几百 G 到 T 级别）、极低的时延以及完善的保护恢复能力。作为 MEC 边缘云网络的载体，中小型数据中心将承接大量本地化业务计算需求，接入类型多样化，并具备针对不同颗粒灵活调配的功能。中小型数据中心围绕大型数据中心周围，作为 CDN 站点贴近用户降低时延、提高用户体验。这样的结构大幅缩短了传输路径，对于视频服务、工业自动化、车联网等实时性要求极高的应用尤其重要。

（3）5G 核心网最终架构

5G 核心网架构演进分为两个阶段，如图 2-7 所示，第一阶段为核心网设备虚拟化和架构云化，主要特点为 VNFs 分层架构、静态网络切片以及软硬件解耦等；第二阶段为原生云架构及核心网网元云化，包括 EPC 云化、IMS 云化等，主要面向业务的动态端到端网络切片，控制面和用户面全面分离以及功能模块原子化。

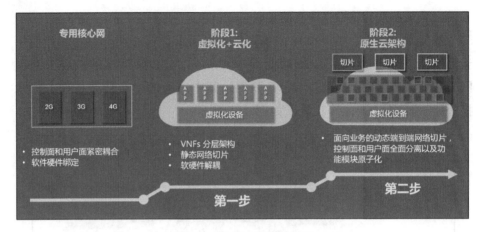

图 2-7   5G 核心网演进架构

核心网网元 NFV 云化，核心为三层解耦的 DC 规划，面向 5G 长期演进。以标准、开放的 NFVI 层为基础，实现网元跨 DC、NFV 运维工具跨平台和 5G 切片网络灵活自动部署，如图 2-8 所示。

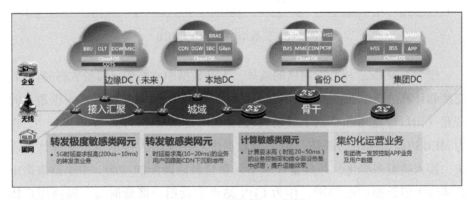

图 2-8   三层解耦 DC 规划

2. 5G 接入网新架构

为了更好地满足各场景和应用的需求，5G 需要更加灵活的组网方式，因此 5G RAN 架构进行重新变更，引入中央单元（CU）和分布单元（DU）两个逻辑网元，如图 2-9 所示。

3GPP 标准中，采用了选项 2 作为 CU/DU 间的标准切分方案（见图 2-10），即 CU 负责完成实时性要求较低的 RRC/SDAP/PDCP 功能；DU 负责完成实时性要求较高的 RLC/MAC/PHY 功能。

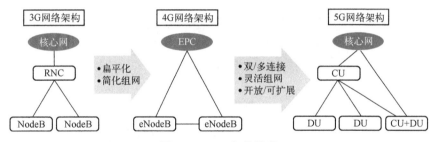

图 2-9　RAN 架构演进

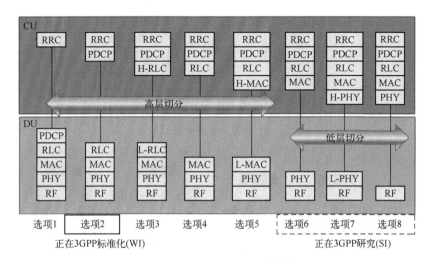

图 2-10　CU/DU 标准切分方案

在标准化架构中，CU/DU 切分是逻辑功能的划分，既可以支持 CU/DU 物理实体合设，即 CU 和 DU 置于同一个物理实体中，类似于 4G BBU，也可以支持 CU/DU 物理实体分离，如图 2-11 所示。

（1）CU 部署位置方案

CU 部署位置有 4 种方案，如图 2-12 所示。无论 CU 位置如何选择，DU 都尽量位于无线接入机房、近天面部署。

CU 部署在无线/接入机房或业务汇聚机房，如图 2-12 所示，位置 1CU 控制的 DU 数量为数个到数 10 个，CU 所辖区域小（辖区半径<10 km），时延<100 μs。

CU 部署在普通汇聚机房，如图 2-12 所示，位置 2CU 控制的 DU 数量为数 10 个到上百个，CU 所辖区域面积适中（辖区半径约 40 km），时延 200～300 μs。

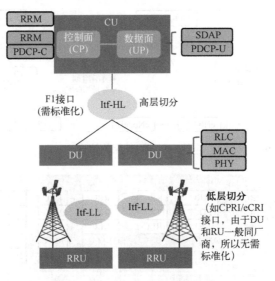

图 2-11　CU/DU 逻辑功能切分

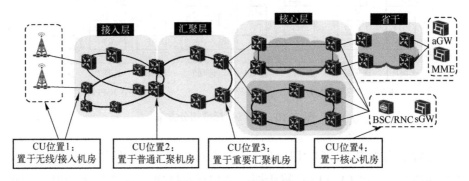

图 2-12　CU 部署位置

　　CU 部署在重要汇聚机房，如图 2-12 所示，位置 3CU 控制的 DU 数量为数百个到上千个，CU 所辖区域为区县级集中（辖区半径约 100 km），CU/DU 时延适中，大部分小于 2 ms。

　　CU 部署在核心机房，如图 2-12 所示，位置 4CU 控制的 DU 数量为数千个。CU 地市级集中，时延大，高时可达 5～10 ms。

　　为保证无线性能，CU/DU 间的时延在 3 ms 以内，因此，位置 4 部署具有一定的风险，其他三种位置具备可行性。

　　（2）CU/DU 应用场景

　　CU/DU 可适用于 6 种应用场景，分别为 5G 宏站 SA 部署场景、宏微组网场景、小站 UDN 部署场景、NSA 场景或 4/5G 双连接场景、室内外同频部署场景、CU 与 MEC/UPF 共平台部署场景。

1）5G 宏站 SA 部署场景。5G 宏站 SA 部署场景部署方式分为两种。方式 1 为 CU/DU 分离+CU 集中化，集中化 CU 部署在汇聚机房或边缘 TIC；方式 2 为 CU/DU 合设，部署在接入机房即传统 4G 部署方式，如图 2-13 所示。在无线性能增益上，CU 作为移动性锚点，改善切换性能。

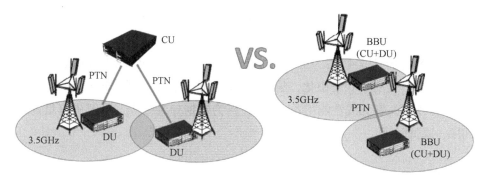

图 2-13　5G 宏站 SA 部署

2）宏微组网场景。宏微组网场景采用宏站微站差异化部署方式，微站采用 CU/DU 分离，宏站采用 CU/DU 合设，部署在接入机房，并给小站提供 CU 服务，如图 2-14 所示。在无线性能增益上，小站不连续覆盖，宏站可作为移动性锚点和数据分流锚点，改善切换性能，有效分流数据，并降低前传带宽。

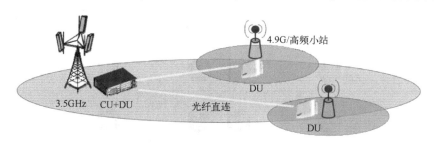

图 2-14　宏微组网场景

3）小站 UDN 部署场景。小站 UDN 部署场景部署方式为 CU/DU 分离，即单独 CU 设备部署在接入机房，如图 2-15 所示。在无线性能增益上，CU 作为移动性锚点和控制中心，改善切换性能，协调小站间的干扰，并降低前传带宽。

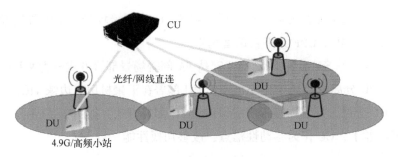

图 2-15　小站 UDN 部署场景

4）NSA 场景或 4/5G 双连接场景。NSA 场景或 4/5G 双连接场景部署方式为 CU/DU 分离+CU 集中化，集中化 CU 可部署在汇聚机房或边缘 TIC，如图 2-16 所示。在无线性能增益上，CU 作为数据分流锚点，可解决流量迂回问题，降低时延。

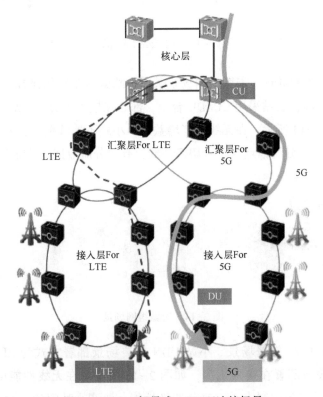

图 2-16　NSA 场景或 4/5G 双连接场景

5）室内外同频部署场景。室内外同频部署方式为 CU/DU 分离，宏站 CU 为室分系统 DU 提供服务，如图 2-17 所示。在无线性能增益上，CU 作为控制中心，协调室内外网络间的干扰。

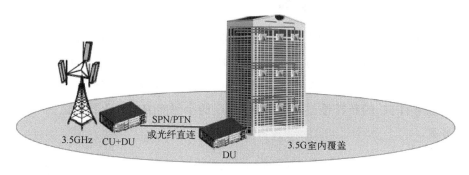

图 2-17　室内外同频部署场景

6）CU 与 MEC/UPF 共平台部署场景。CU 与 MEC/UPF 共平台部署场景部署方式为统一的硬件/云平台，逻辑上，CU/MEC/UPF 可以各自独立、互不依赖，也可紧密耦合、跨层优化，如图 2-18 所示。在性能增益上，共平台部署方式提高了无线网络的智能化和可扩展性，虚拟化的通用硬件平台便于后续 MEC 功能的引入，且 CU/MEC/UPF 结合可摊薄设备和运维成本。

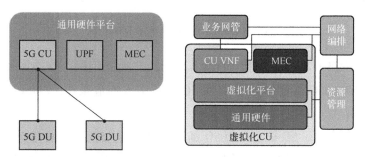

图 2-18　CU 与 MEC/UPF 共平台部署场景

CU/DU 在性能增益上，CU/DU 分离主要用作宏微异构网场景、小站 UDN 场景及 NSA 场景，用作移动性/数据分流锚点，及多个小站间进行协作；CU/DU 分离+CU 虚拟化集中部署的主要驱动力之一在于提供统一硬件平台，便于后续 MEC 等功能的引入，更好地支持垂直行业应用。在规划上，考虑 5G 建网初期主要是宏站连续覆盖，可将 CU/DU 合设型态作为重点考虑方案，部署在无线机房，但同时需预留未来软件升级作为 DU 使用的可扩展能力；另外

考虑未来新场景、新业务需求（如小站部署、MEC 等），同步推进 CU/DU 分离方案，CU 虚拟化并集中部署在重要汇聚机房。

2.1.2 5G 组网架构

为加快 5G 网络的商用，5G 提出非独立组网（Non-Stand Alone）和独立组网（Stand Alone）两种方案，如图 2-19 所示。非独立组网作为过渡方案，以提升热点区域带宽为主要目标，依托 4G 基站和 4G 核心网工作。独立组网能实现所有 5G 的新特性，有利于发挥 5G 的全部能力，是业界公认的 5G 目标方案。

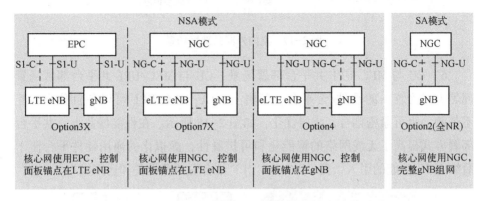

图 2-19 5G NSA 模式和 SA 模式两种组网方案

3GPP R15 phase1.1 支持 Option3 系列的非独立组网，核心网使用 EPC，控制面锚定在 LTE eNB 上，为实现 5G 快速引入创造条件，Phase1.2 完成剩下的 Option。

独立组网 SA。5G 核心网与 5G 基站直接相连，5G 核心网与 5G 基站通过 NG 接口直接相连，传递 NAS 信令和数据；5G 无线空口的 RRC 信令、广播信令、数据都通过 5G NR 传递；终端只接入 5G 或 4G，手机终端可以在 NR 侧上行双发。

非独立组网 NSA。沿用 4G 核心网，5G 类似于 4G 载波聚合中的辅载波，用于高速传输数据，NAS 信令则由 4G 承载；5G 无线空口的 RRC 信令、广播等信令可由 4G 传递，数据通过 5G NR 和 4G LTE 传递；终端同时与 5G 和 4G 连接，受限于功耗、散热，手机终端很难在双连接状态下，NR 侧上行双发。

　　独立组网与非独立组网在无线改造、性能以及互操作和语音方面均存在较大差异。在无线改造方面，直接部署 SA 对 LTE 无线网的改造难度较小，若先部署 NSA，则未来升级 SA 不能复用，存在二次改造问题，SA 需升级支持邻区配置，而 NSA 对 LTE 现网的功能要求更多，实现更为复杂，导致维护难度加大，NSA 面临 4G/5G 无线设备同/异厂家问题；SA 4G/5G 厂家间组网灵活度更高。4G/5G 间算法复杂度高，具体效果取决于厂家间的算法实现，存在两网设备绑定的问题。在性能对比方面，以 TD-LTE NSA 为例，SA 由于支持 UE 上行双发，在上行峰值吞吐量方面，NR 侧占优，SA 比 NSA 优 87%；NSA 在上行边缘吞吐量、下行吞吐量方面占优，初期覆盖性能依靠 LTE，较 SA 覆盖压力小。在互操作和语音方面，SA 采用 4G/5G 松耦合，依靠互操作，语音方案上采用语音回落 4G 和 5G 承载语音的 VoNR；NSA 采用 4G/5G 紧耦合，依靠双连接，无互操作，语音方案上继承 4G 现有语音方案即 VoLTE/CSFB。

　　SA 优势在于一步到位，无二次改造成本，易拓展垂直行业，5G 与 4G 无线网可异厂商；NSA 优势在于对核心网及传输网新建/改造难度低，对 5G 连续覆盖要求压力小，在 5G 未连续覆盖时性能略优，但对 4G 无线网改造多，国际运营商多选择 NSA，NSA 和 SA 的优劣势对比如表 2-1 所示。

表 2-1　NSA 和 SA 的优劣势对比

对比维度		NSA	SA
业务能力		仅支持大带宽业务	较优：支持大带宽和低时延业务，便于拓展垂直行业
4G/5G 组网灵活度		较差：选项 3x 同厂商，选项 3a 可能异厂商	较优：可异厂商
语音能力	方案	4G VoLTE	Vo5G 或者回落至 4G VoLTE
	性能	同 4G	Vo5G 性能取决于 5G 覆盖水平，VoLTE 性能同 4G
基本性能	终端吞吐量	下行峰值速率优（4G/5G 双连接，NSA 比 SA 优 7%）上行边缘速率优	上行峰值速率优（终端 5G 双发，SA 比 NSA 优 87%）上行边缘速率低
	覆盖性能	同 4G	初期 5G 连续覆盖挑战大
	业务连续性	较优：同 4G，不涉及 4G/5G 系统间切换	略差：初期未连续覆盖时，4G/5G 系统间切换多
对 4G 现网改造	无线网	改造较大（未来升级 SA 不能复用，存在二次改造）；4G 软件升级支持 Xn 接口，硬件基本无需更换、但需与 5G 基站连接	改造较小：4G 升级支持与 5G 互操作，配置 5G 邻区

(续)

对 比 维 度		NSA	SA
对4G 现网改造	核心网	改造较小：方案一升级支持5G接入，需扩容；方案二新建虚拟化设备，可升级支持5G新核心网	改造较小：升级支持与5G互操作
5G 实施难度	无线网	难度较小：新建5G基站，与4G基站连接；连续覆盖压力小，邻区参数配置少	难度较大：新建5G基站，配置4G邻区；连续覆盖压力大
	核心网	不涉及	难度较大：新建5G核心网，需与4G进行网络、业务、计费、网管等融合
	传输网	改造较小：可现网PTN升级扩容，4G流量可能迂回	难度较大：需新建5G传输平面
传输网		改造较小：可现网PTN升级扩容，4G流量可能迂回	难度较大：需新建5G传输平面
国际运营商选择		美国、韩国、日本等主流运营商均选择NSA	电信
产品成熟度		2018年中支持测试	2018年年底支持测试，5G核心网成熟挑战大，需重点推动

在 NSA 架构下，终端同时连接 LTE 与 NR，俗称 DC（Dual Connect）双连接。在当前 Option3 架构下，信令面锚定在 LTE 侧，因此将 4G eNodeB 称为 MeNB，gNodeB 为 SgNB，当前 MeNB 与 SgNB 为一对一绑定关系；但细化到载波，LTE 与 NR 并非简单 1 对 1 关系，而是多对多关系，现阶段协议版本中，NSA DC 架构下，下行 LTE 侧最多支持 5CC，NR 侧支持 1CC；上行最多 2CC，LTE 2CC 或者 LTE 与 NR 各 1CC，后续随着版本演进，DC 载波能力有可能进一步加强，如图 2-20 所示。

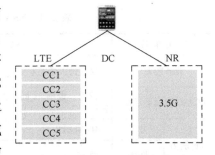

图 2-20　NSA DC 组网架构下
终端连接示意图

2.2　5G 基本原理

5G 新空口的关键技术如调制方式、波形、帧结构、参考信号设计、多天线传输、信道编码的设计，均需要充分考虑到灵活性、超精益设计、前向兼容性这三大要素。只有具备高度的灵活性以及可扩展性，5G新空口才能同时满足大量不同用例、工作频段以及部署模式的需求。此外，内在的后向兼容能力可保证5G新空口通过后续持续演进来满足目前尚不能预见到的需求。

2.2.1　调制方式

数据信道的调制方式演进从3G到5G，3G具有QPSK、16QAM两种调制方式。现有4G具有QPSK、16QAM、64QAM、256QAM 4种调制方式，5G新空口也将继续支持3G和4G的调制方式，如表2-2所示。调制方式主要针对的是数据信道（PUSCH/PDSCH），对于控制信道、广播信道等会略有差别。对于5G NR，设定256QAM是为了提高系统容量。此外，面向mMTC等类型的业务，3GPP对5G新空口的上行调制新增$\pi/2$-BPSK，以进一步降低峰均功率比，从而提高小区边缘的覆盖并提高低数据率信号的功放效率；除了$\pi/2$-BPSK，5G NR与LTE-A使用的调制阶次是相同的，不过3GPP正在考虑将1024QAM引入。

表2-2　3G到5G数据信道的调制方式

3G	4G	5G
QPSK 16QAM	QPSK 16QAM 64QAM	$\pi/2$-BPSK QPSK 16QAM 64QAM 256QAM

5G协议中已经将调制映射公式给出，如表2-3所示。在传输过程中，调制方式可能发生变化。为了使所有映射有一样的平均功率，需要对映射进行归一化。映射后的复数值乘上一个归一化的量，即可得到输出数据。归一化因子的值根据不同的调制模式而不同，其中$\pi/2$-BPSK、BPSK和QPSK的归一化因子为$1/\sqrt{2}$；16QAM、64QAM和256QAM的归一化因子分别为$1/\sqrt{10}$、$1/\sqrt{42}$、$1/\sqrt{170}$。

表2-3　5G调制映射公式

调制方式	调制阶数	映射公式
$\pi/2$-BPSK	1	$x = \dfrac{e^{j\frac{\pi}{2}(i\bmod 2)}}{\sqrt{2}}\left[(1-2b(i))+j(1-2b(i))\right]$
BPSK	1	$x = \dfrac{1}{\sqrt{2}}\left[(1-2b(i))+j(1-2b(i))\right]$

(续)

调制方式	调制阶数	映射公式
QPSK	2	$x=\dfrac{1}{\sqrt{2}}\big[(1-2b(i))+j(1-2b(i+1))\big]$
16QAM	4	$x=\dfrac{1}{\sqrt{10}}\{(1-2b(i))[2-(1-2b(i+2))]+j(1-2b(i+1))$ $[2-(1-2b(i+3))]\}$
64QAM	6	$x=\dfrac{1}{\sqrt{42}}\{(1-2b(i))[4-(1-2b(i+2))[2-(1-2b(i+4))]]$ $+j(1-2b(i+1))[4-(1-2b(i+3))[2-(1-2b(i+5))]]\}$
256QAM	8	$x=\dfrac{1}{\sqrt{170}}\{(1-2b(i))[8-(1-2b(i+2))[4-(1-2b(i+4))$ $[2-(1-2b(i+6))]]]+j(1-2b(i+1))[8-(1-2b(i+3))[4-(1-$ $2b(i+5))[2-(1-2b(i+7))]]]\}$

2.2.2　全新波形

5G 新波形的基本要求为支持三大类用户场景即 eMBB、mMTC 和 URLLC。eMBB 为高速率和高的频谱效率类业务；mMTC 为低功率小包突发业务；URLLC 为低时延高可靠类业务。因此需要针对不同场景采用灵活的子载波等空口参数集（Numerology）以及信令和控制负荷最小化，以提升效率。

LTE 系统中的 OFDM 波形具有频谱效率高、易于实现、能有效抵抗多径衰落等特性，因此 5G 系统仍然考虑基于 OFDM 来进行波形设计。

但是，LTE 系统存在两大缺点，即子载波间隔和符号长度固定以及频谱旁瓣大。

1）子载波间隔和符号长度固定。为了避免载波间干扰（ICI），OFDM 的子载波间隔为固定值。这种"以不变应万变"的波形设计策略不能同时支持多种移动性场景。此外，给定时间内只支持一种循环前缀（CP）长度，也使得 LTE 无法同时对不同的信道情况提供支持。

2）频谱旁瓣大。OFDM 在频域的集中性并不是很好，因此造成频谱边带滚降慢，从而导致带宽利用率不高，不管是连续频谱还是离散频谱都一样。例如，LTE 中，除了频谱模板之外，还预留 10% 的带宽作为保护带。另外 LTE 中需要严格同步，通过 TA 信令来实现。来自不同 UE 尤其是相邻 UE 的 OFDM 信号间不同步的时长超过 CP 长度后，OFDM 的频谱旁瓣就很高，从而产生载波间干扰（ICI）和符号间干扰（ISI）。因此，OFDM 波形不支持异步通信。此外，LTE OFDM 的大规模同步通信中 TA 信令开销非常之大。

由于 LTE OFDM 波形具有以上的缺点，将 LTE OFDM 波形用于 5G 新空口则不够灵活和高效。因此，5G 需要设计新的波形，其设计原则必须考虑灵活性、频谱效率、下行、上行和 side link 的统一的波形设计和实现复杂度。

（1）灵活性

5G 波形应当足够灵活以支持话务类别不同的多种场景，如 eMBB、mMTC 和 URLLC。灵活性方面的设计体现在灵活支持参数集、频率选择性以及时间选择性。

1）灵活参数集是多种业务和多种场景的需求。在不同的子载波间隔或/和 CP 长度之间采用时分转换显然不能满足低时延的要求，也难以实现资源在不同业务之间的动态共享。此外，采用 TDM 也会影响业务的前向兼容性。因此，波形应该足够灵活，以满足在连续频段上采用频域复用来部署现有和未来业务的要求。尤其重要的是，波形应当能够有效支持不同的子载波间隔、不同的 CP 长度、不同的 TTI 长度、不同的系统带宽等。例如，不同的信道模型和不同的传输模式（单站或多站）可能会引入不同的时延扩展，因此需要不同的 CP 长度。不同的 UE 速度（最高 500 km/h）需要可变的子载波间隔，以使多普勒频移的影响最小。此外，为了满足 URLLC 的低时延要求，应当支持较短的 TTI，从而需要较大的子载波间隔。

2）频率选择性。它有利于采用较高的频谱效率来提供可空口的灵活性。波形的频率选择性可实现用多个子带的结合来支持灵活和可扩展的带宽；波形的频率选择性能够实现与其他系统的有效共存以及离散频段的有效利用。5G 要实现较高的频谱效率，这也需要频率开销比当前 LTE OFDM 低的波形，尤其在 6 GHz 以下频谱缺乏的情况下；波形的频率选择性可以提供有效的异步通信，如 mMTC 场景和无需 TA 的上行 eMBB 场景，其波形都需要较小的 UE 间干扰泄露。

3）时间选择性。采用极短 TTI 进行低时延通信的要求，如 URLLC 场景。尤其是在 TTI 较短的情况下，波形的时间选择性也会严重影响时间开销，进而影响到频谱效率。

（2）频谱效率

5G 的峰值频谱效率为下行 $30\,\text{bit}\cdot\text{s}^{-1}\cdot\text{Hz}^{-1}$，上行 $15\,\text{bit}\cdot\text{s}^{-1}\cdot\text{Hz}^{-1}$。基

于 MIMO 的友好性和支持高阶调制设计原则可用于满足此需求。

1）MIMO 的友好性。要满足 5G 的较高的频谱效率，只有采用对常规 MIMO 和大规模 MIMO 都能够支持的波形。因此，新波形在和 MIMO 的整合方面的复杂度应该较低才好，这样，多径信道上传输时，波形的符号间的自干扰（self-ISI）和载波间自干扰（self-ICI）才可以忽略。

2）支持高阶调制。高阶调制如 64/256QAM 能够提供较高的频谱效率，但它对收发信机的 EVM 要求较高。因此，新的波形在支持高阶调制方面应当最优才行。

（3）下行、上行和 side link 的统一的波形设计

统一的波形设计有利于下行、上行、接入共存、D2D 以及回传通信。虽然上下行设计原则不同，如上行会受 PAPR 和 UE 的功放的非线性的限制，但是上行和下行波形仍然希望尽可能地相同，以便获得更好的干扰消除相关的性能。

对于不同链路间的共存，统一波形的好处在于以下几方面。

1）LTE 的干扰管理和话务自适应（eIMTA）中，采用动态时分复用（TDD），可以根据 DL/UL 话务比例来动态对上下行子帧进行动态分配。兼容的设计有利于采用动态 TDD 来实现链路间的干扰（DL 和 UL 间）消除，这种干扰采用传统的先进接收机是难以处理的。

2）采用相同波形的链路（接入链路或者回传链路）易于采用与 LTE 的 MU-MIMO 类似的空间复用技术，从而提高频谱效率。

3）需要考虑 D2D 和蜂窝链路中的 side link 的联合设计，如在单频网（SFN）对 side 和蜂窝链路传送进行覆盖增强时。

PAPR 降低可以在功放效率和功耗是主要考虑因素时才考虑采用。

（4）实现复杂度

不但要考虑波形本身，还需要考虑其实现难度，不同的实现方法对规范的影响也不一样。尤其是，时域和频域都可用于产生波形，但其复杂度有所区别。再有，在接收机侧，波形在信号检测和信道估计/均衡方面的复杂性应当合理才行。

5G 新空口的上行与下行方向均采取具有可扩展特性循环前缀的正交频分复用（CP-OFDM）技术，上行与下行采用相同的波形，从而简化 5G 新空口的整体设计，尤其是无线回程以及设备间直接通信（D2D）的设计。此外，

5G 新空口在上行方向可采取 DFT（离散傅里叶变换）扩展的 OFDM，以单流传输方式（即无需空间复用）支持覆盖不足的场景。除 CP-OFDM 技术之外加窗、滤波等任何对 5G 新空口接收机透明的操作均可应用于发送端。

可扩展的 OFDM 可部署于各种频段上，不同模式部署在 5G 网络具有较大差异。其中，子载波间隔的可扩展性体现在其取值为 $15 \times 2n$ kHz（n 为正整数）。4G 网络中 OFDM 的子载波间隔为 15 kHz，即 30 kHz、60 kHz、90 kHz 等。"$2n$" 这一扩展因数/倍数可确保不同数值的槽及符号在时域对齐，这对于 TDD（时分复用）网络的高效使能具有重要意义。5G 新空口 OFDM 数值相关的信息如图 2-21 所示。其中，参数 "n" 的取值取决于不同的因素，包括 5G 新空口网络部署类型、载波频率、业务需求（时延/可靠性/吞吐量）、硬件减损（振荡器相位噪声）、移动性及实施复杂度。比如，对时延极为敏感的 URLLC、小覆盖区域以及高载波频率可把子载波间隔调大；对于低载波频率、大覆盖区域、窄带终端以及增强型多媒体广播以及多播服务（eMBMSs）可把子载波间隔调小。此外，还可通过复用两种不同的数值，比如用于 URLLC 的宽子载波间隔以及用于 eMBB/mMTC/eMBMS 的窄子载波间隔，以相同的载波间隔来同时承载不同需求和类型的业务。

子载波间隔	15kHz	30kHz (2×15kHz)	60kHz (4×15kHz)	15×2^nkHz, (n=3,4,…)
OFDM符号长度	66.67μs	33.33μs	16.67μs	$66.67/2^n$μs
循环前缀长度	4.69μs	2.34μs	1.17μs	$4.69/2^n$μs
OFDM符号长度 (含循环前缀)	71.35μs	35.68μs	17.84μs	$71.35/2^n$μs
每个槽所含 OFDM符号个数	7或14	7或14	7或14	14
槽长度	500μs或 1,000μs	250μs或 500μs	125μs或 250μs	$1,000/2^n$μs

图 2-21　面向 5G 新空口的可扩展 OFDM

OFDM 信号的频谱在传输带宽之外衰减极慢。为限制带外辐射，4G 的频谱利用率约为 90%，即在 20 MHz 的带宽内，111 个物理资源块中得到有效利用的可高达 100 个。对于 5G 新空口，3GPP 提出 5G 频谱利用率要达到高于 90% 的水平。对此，加窗、滤波都是在频域内限制 OFDM 信号的可行方式。

2.2.3 灵活帧结构

在子载波间隔（Subcarrier Spacing）和时域符号长度（Symbol Length）等帧结构关键维度方面，5G 相比 4G 有较大差别。5G NR 将采用多个不同的子载波间隔类型，而 4G 只是用单一的 15 kHz 的子载波间隔。5G NR 将采用 μ 这个参数来表述子载波间隔，比如 $\mu = 0$ 代表等同于 4G 的 15 kHz，其他的各项配置如图 2-22 所示。

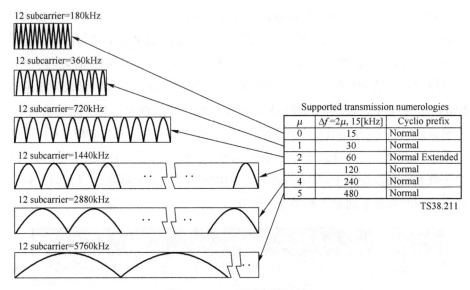

图 2-22　5G 频域资源配置

和 4G 一样，定义频域上一个 RB 包含 12 个子载波。对于不同的子载波间隔，RB 频域资源大小是不同的。5G 协议对不同子载波间隔下的最大和最小 RB 数进行定义，如表 2-4 所示。

表 2-4　子载波间隔对应的 RB 数

μ	$N_{RB,DL}^{min,\mu}$	$N_{RB,DL}^{max,\mu}$	$N_{RB,UL}^{min,\mu}$	$N_{RB,UL}^{max,\mu}$
0	24	275	24	275
1	24	275	24	275
2	24	275	24	275
3	24	275	24	275
4	24	138	24	138
5	24	69	24	69

换算成频带带宽，可以得出不同子载波间隔下，gNB 支持的单载波带宽范围，如表 2-5 所示。

表 2-5 gNB 支持的单载波带宽

μ	minRB	MaxRB	subcarrierspacing（kHz）	FreqBWmin（MHz）	FreqBWmax（MHz）
0	24	275	15	4.32	49.5
1	24	275	30	8.64	99
2	24	275	60	17.28	198
3	24	275	120	34.56	396
4	24	138	240	69.12	397.44
5	24	69	480	138.24	397.44

时域物理资源划分方面，其采样时间（Numerology-Sampling Time）计算公式为 $T_s = 1/(\Delta f_{max} N_f)$，对于 4G，$\Delta f_{max} = 15 \times 10^3$，$N_f = 2048$；而 5G NR 定义的 $\Delta f_{max} = 480 \times 10^3$，$N_f = 4096$，5G 采样时间相比 4G 更短，因此 5G 空口时延更低。

时域方面，5G 采用和 4G 相同的无线帧（10 ms）和子帧（1 ms）；5G 在子帧中放入和 4G 不同数量的时隙，同时还定义另一个变化的部分，即在每个时隙上定义不同数量的符号，符号根据时隙配置类型的不同而变化。5G 时域的配置如表 2-6 所示。

表 2-6 5G 时域配置

子载波配置	子载波宽度	循环前缀	每时隙符号数	每帧时隙数	每子帧时隙数
μ	$2^\mu \times 15\,kHz$	Cyclic prefix	N_{symb}^{slot}	$N_{slot}^{frame\mu}$	$N_{slot}^{subframe\mu}$
0	15	Normal	14	10	1
1	30	Normal	14	20	2
2	60	Normal	14	40	4
3	120	Normal	14	80	8
4	240	Normal	14	160	16
5	480	Normal	14	320	32
2	60	extended	12	40	4

Normal CP 下的 5G 各种时域配置如图 2-23 所示。

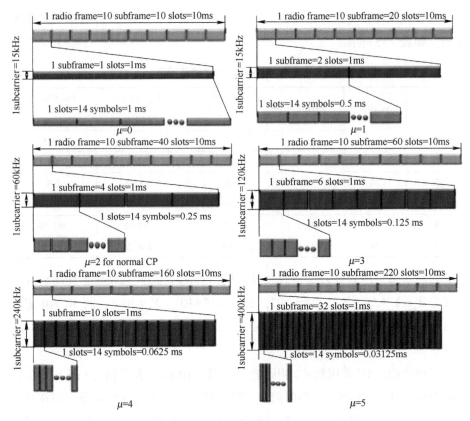

图 2-23   NormalCP 下的 slot 配置

目前协议只在子载波间隔为 60 kHz 的场景下，定义 Extended CP 格式，该配置如图 2-24 所示。

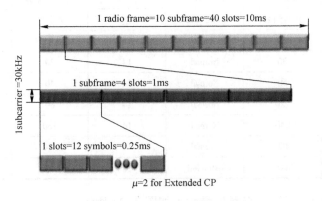

图 2-24   ExtendedCP 下的 slot 配置

5G NR 的资源栅格与 4G 整体结构相似，如图 2-25 所示，但是 NR 的物理维度根据子载波间隔 numerology 的不同而变化。

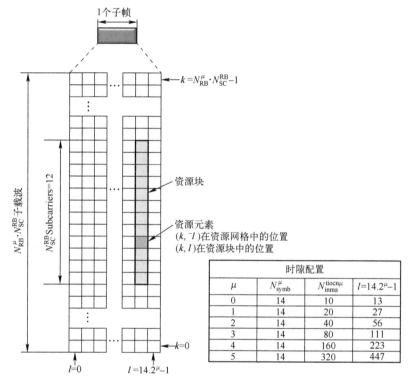

时隙配置			
μ	N_{symb}^{μ}	$N_{\text{inma}}^{\text{tiocn}\mu}$	$l=14.2^{\mu}-1$
0	14	10	13
1	14	20	27
2	14	40	56
3	14	80	111
4	14	160	223
5	14	320	447

图 2-25 5G NR 的资源栅格

2.2.4 参考信号重设

在 3G/4G 时代，参考信号又叫作导频信号，是预先定义好的一些已知信号序列，占用一定的时频资源块。在通信过程中，通过对比实际接收到的参考信号与预先定义的标准参考信号间的变化，来完成信道质量的测量、估计、相干检测和解调等功能。直观地说，就是根据这些已知的参考信号 X 和其实际接收 Y 来求取方程中矩阵 H 的特征值，再配置 H 应用于其他未知数据信号的检测解调等，在 5G 的波束成形技术中也会协助求解类似的波束成形矩阵权值。除了在不同版本中的增删之外，同一参考信号负责的功能、对应的端口等方面也会有所变动。

为提高网络的能效即能量利用效率，并保证后向兼容，5G 新空口参考信

号主要包含4种：解调参考信号（DM-RS）、相位追踪参考信号（PT-RS）、测量参考信号（SRS）、信道状态信息参考信号（CSI-RS），其中DM-RS、PT-RS和CSI-RS技术细则已经公布，下面将进行重点介绍。

1. DM-RS参考信号

5G NR物理层中根据时频域资源的分配模式新增了多个物理层参考信号，例如DM-RS，DM-RS负责PDSCH以及PBCH信道的解调参考信号。5G NR的时频域资源配置是非常灵活的，控制信道并没有仿造LTE进行全频带设计，因此在5G NR中也不需要进行全频带的小区参考信号设计，相应也节省了一部分的RE资源，可以使得时频域资源调度更加灵活。

（1）DM-RS功能

DM-RS参考信号用于对无线信道进行评估及信号解调。DM-RS是用户终端特定的参考信号，即每个终端的DM-RS信号不同，仅在需要时才进行上下行传输。为支持多层MIMO传输，可调度多个正交的DM-RS端口，每个DM-RS端口与MIMO的每一层相对应，其正交性可通过频分、时分、码分等复用方式以基本序列或正交掩码的循环移位来实现。对于低速移动场景，DM-RS在时域采取低时间密度；对于高速移动场景，DM-RS的时间密度要相应增大，以便于及时跟踪无线信道的快速变化。

（2）DM-RS序列生成

DM-RS参考信号序列产生过程：UE假定基础序列$r(n)$定义如下（这与LTE中小区级参考信号产生的计算公式相同）：

$$r(n)=\frac{1}{\sqrt{2}}(1-2c(2n))+j\frac{1}{\sqrt{2}}(1-2c(2n+1))$$

其中，伪随机序列$c(i)$仍然定义为序列长度为31的Gold序列，由两个m序列产生，伪随机序列按照下式进行初始化：

$$c_{\text{init}}=(2^{17}(14n_{s,f}^{\mu}+I+1)(2N_{ID}^{n_{SCID}}+1)+2N_{ID}^{n_{SCID}})\text{mod}2^{31}$$

其中，l是时隙中OFDM的符号索引；$n_{s,f}^{\mu}$是一个无线帧中的时隙索引，同时，如果PDSCH由C-RNTI或CS-RNTI加扰CRC的PDCCH进行调度并且由高层参数DL-DMRS-Scrambling-ID进行配置，DM-RS参考信号序列的生成如式（2-1）所示。那么，按照高层参数配置值$n_{SCID}\in\{0,1\}$和$N_{ID}^{n_{SCID}}\in\{0,1,\cdots,65535\}$。

$$a_{k,l}^{(p,m)} = \beta_{PDSCH} w_f(k') w_t(l') r(2n+k')$$

$$k = \begin{cases} 4n+2k'+\Delta, \text{配置类型 1} \\ 6n+k'+\Delta, \text{配置类型 2} \end{cases}$$

$$k' = 0, 1$$

$$l = \bar{l} + l'$$

$$n = 0, 1, \cdots$$

(2-1)

否则，$n_{SCID} = 0$ 并且 $N_{ID}^{n_{SCID}} = N_{ID}^{cell}$。UE 应假定 PDSCH DM-RS 的时频域资源映射根据高层参数配置 DL-DMRS-config-type 中规定的配置类型 1 或配置类型 2 来决定，如式（2-1）所示。下行 DM-RS 以 β_{PDSCH}^{DMRS} 作为功率比例因子，如表 2-7 所示。

表 2-7　PDSCH EPRE 与 DM-RS EPRE 的比值

Number of DM-RS CDM groups without data	DM-RS 配置类型 1/dB	DM-RS 配置类型 2/dB
1	0	0
2	-3	-3
3	-	-4.77

其中，$w_f(k')$、$w_t(l')$、Δ 和 λ 由表 2-8 和表 2-9 定义。PDSCH DM-RS 配置类型 1 的相关参数定义如表 2-8 所示。

表 2-8　PDSCH DM-RS 配置类型 1 的相关参数

p	CDM group λ	Δ	$w_f(k')$		$w_t(l')$	
			$k'-0$	$k'-1$	$l'-0$	$l'-1$
1000	0	0	+1	+1	+1	+1
1001	0	0	+1	-1	+1	+1
1002	1	1	+1	+1	+1	+1
1003	1	1	+1	-1	+1	+1
1004	0	0	+1	+1	+1	-1
1005	0	0	+1	-1	+1	-1
1006	1	1	+1	+1	+1	-1
1007			+	-	+	-

PDSCH DM-RS 配置类型 2 的相关参数定义如表 2-9 所示。

表 2-9　PDSCH DM-RS 配置类型 2 的相关参数

p	CDM group λ	Δ	$w_f(k')$		$w_t(l')$	
			$k'-0$	$k'-1$	$l'-0$	$l'-1$
1000	0	0	+1	+1	+1	+1
1001	0	0	+1	−1	+1	+1
1002	1	2	+1	+1	+1	+1
1003	1	2	+1	−1	+1	+1
1004	2	4	+1	+1	+1	+1
1005	2	4	+1	−1	+1	+1
1006	0	0	+1	+1	+1	−1
1007	0	0	+1	−1	+1	−1
1008	1	2	+1	+1	+1	−1
1009	1	2	+1	−1	+1	−1
1010	2	4	+1	+1	+1	−1
1011	2	4	+1	−1	+1	−1

（3）DM-RS 符号位置配置

DM-RS 是一种辅助 UE 解调的 UE 专享物理信号，因此内嵌在 PDSCH 传输的公共资源块中。

DM-RS 频域子载波位置 k 的参考点根据 PDSCH 承载的内容进行定义，例如对于包含了 SIB1 的 PDSCH 传输中，参考点定义为 PBCH 配置的 CORESET 中最低索引的公共资源块的子载波 0，而对于承载其他内容的 PDSCH 传输，参考点对应了公共资源块 0 的子载波 0 位置。

DM-RS 时域符号位置 l 的参考点位置以及第一个 DM-RS 的时域位置 l_0 取决于 PDSCH 映射类型，对于 PDSCH 映射类型 A，l 的参考点位置是时隙的起始位置，而根据 MIB 消息体中高层参数 dmrs-TypeA-Position（DL-DMRS-typeA-pos，TS 38.211）配置决定第一个 DM-RS 符号的时域起始位置 l_0，$l_0 = 2$（pos2）或 $l_0 = 3$（pos3）；而对于 PDSCH 映射类型 B，l 的参考点位置是调度 PDSCH 资源的起始位置并且第一个 DM-RS 符号的时域起始位置 $l_0 = 0$。

DM-RS 时域符号位置由上述公式中 l 予以定义，同时，对于 PDSCH 传输映射类型 A，DM-RS 可以内嵌在时域中从时隙的第一个 OFDM 符号到该时隙中调度的 PDSCH 最后一个 OFDM 符号范围之内；对于 PDSCH 传输映射类型

B，DM-RS 可以内嵌在调度的 PDSCH 所包含的 OFDM 符号占据的时域范围之内。另外，5G NR 中还提出了一个 Additional DM-RS 的概念，即当 UE 移动速度提高时，为了更精准地进行信道估计，可以通过时域额外配置更多的 DM-RS 符号提高解调性能，可通过高层参数 dmrs-AdditionalPosition（DL-DMRS-add-pos）进行配置，当该参数不出现时，UE 采取默认值为 2。结合 dmrs-AdditionalPosition 的取值，PDSCH 中 DM-RS 时域符号位置分别由表 2-10 和表 2-11 进行规定。

单符号类型 DM-RS 的 PDSCH DM-RS 的时域位置 $\bar{l}$，如表 2-10 所示。

表 2-10　单符号类型 DM-RS 的时域位置

符号持续时间	DM-RS 时域位置 $\bar{l}$							
	PDSCH 映射类型 A				PDSCH 映射类型 B			
	下行 DM-RS 额外位置				下行 DM-RS 额外位置			
	0	1	2	3	0	1	2	3
2	-	-	-	-	l_0	l_0		
3	l_0	l_0	l_0	l_0	-	-		
4	l_0	l_0	l_0	l_0	l_0	l_0	-	
5	l_0	l_0	l_0	l_0	-	-		
6	l_0	l_0	l_0	l_0	-	-		
7	l_0	l_0	l_0	l_0	l_0	$l_0, 4$		
8	l_0	$l_0, [7]$	$l_0, [7]$	$l_0, [7]$	-	-		
9	l_0	-	$l_0, 7$	$l_0, 7$	$l_0, 7$	-		
10	l_0	$l_0, 9$	$l_0, 6, 9$	$l_0, 6, 9$	-	-		
11	l_0	$l_0, 9$	$l_0, 6, 9$	$l_0, 6, 9$	-	-		
12	l_0	$l_0 9$	$l_0, 6, 9$	$l_0, 5, 8, 11$	-	-		
13	l_0	$l_0, 11$	$l_0, 7, 11$	$l_0, 5, 8, 11$	-	-		
14	l_0	$l_0, 11$	$l_0, 7, 11$	$l_0, 5, 8, 11$	-	-		

双符号类型 DM-RS 的 PDSCH DM-RS 的时域位置 $\bar{l}$，如表 2-11 所示。

对于 PDSCH 映射类型 B，如果 PDSCH 时域包含了 2、4 或 7 个 OFDM 符号，同时 PDSCH 是时频域资源分配与 CORESET（Control Resource Set）的资源分配相冲突，DM-RS 符号的时域位置 $\bar{l}$ 需要增加以错开 CORESET 的时域位置。在这种情况下，如果 PDSCH 时域包含了 4 个 OFDM 符号，UE 不期望在超过第 3 个 OFDM 符号的位置接收 DM-RS 符号；如果 PDSCH 时域包含了 7 个

表 2-11　双符号类型 DM-RS 的时域位置

符号持续时间	DM-RS 时域位置 $\bar{l}$					
	PDSCH 映射类型 A			PDSCH 映射类型 B		
	下行 DM-RS 额外位置			下行 DM-RS 额外位置		
	0	1	2	0	1	2
<4				−	−	
4	l_0	l_0		−	−	
5	l_0	l_0		−	−	−
6	l_0	l_0		−	−	
7	l_0	l_0		l_0	l_0	
8	l_0	l_0		−	−	
9	l_0	l_0		−	−	
10	l_0	l_0, 8		−	−	
11	l_0	l_0, 8		−	−	
12	l_0	l_0, 8		−	−	−
13	l_0	l_0, 10		−	−	
14	l_0	l_0, 10		−	−	

OFDM 符号，UE 不期望在超过第 4 个 OFDM 符号的位置接收第一个 DM-RS 符号，如果配置了一个额外的单符号类型 DM-RS，对应了必配 DM-RS 分别在第 1 个或者第 2 个 OFDM 符号的传输位置，UE 仅仅可以预期这个额外的单符号类型 DM-RS 在第 5 个或第 6 个 OFDM 符号上传输，除此之外 UE 不预期额外的 DM-RS 进行了传输。另外对于 PDSCH 映射类型 B，如果 PDSCH 时域包含 2 个或者 4 个 OFDM 符号，下行解调参考信号仅仅支持配置为单符号类型 DM-RS。对于下行 DM-RS 采取单符号配置还是双符号配置可以通过高层参数配置 maxLength（DL-DMRS-max-len）以及相关动态 DCI 调度共同决定，例如当该参数配置值为 1 时，PDSCH 解调参考信号采取单符号 DM-RS 传输类型，当该参数配置为 2 时，PDSCH 解调参考信号既可以采取单符号 DM-RS 传输类型，也可以采取双符号 DM-RS 传输类型，这由相关 DCI 调度决定，涉及单/双符号 DM-RS 的时域索引 l' 以及对应下行 DM-RS 所支持的天线逻辑端口由表 2-12 进行定义。

表 2-12　PDSCH DM-RS 时域索引 l' 和天线端口 p

单符号或双符号 DM-RS	l'	Supported antenna ports p	
		配置类型 1	配置类型 2
单符号	0	1000-1003	1000-1005
双符号	0, 1	1000-1007	1000-1011

根据天线逻辑端口、PDSCH DM-RS 的配置类型以及 DM-RS 符号类型可以确定 PDSCH 类型 A 中的 DM-RS 符号在时频域资源中位置分别如图 2-26~图 2-33 所示。

PDSCH 类型 A，配置类型 1，单符号类型 DM-RS，时域起始位置符号 2，DM-RS 时频域资源中位置，如图 2-26 所示。

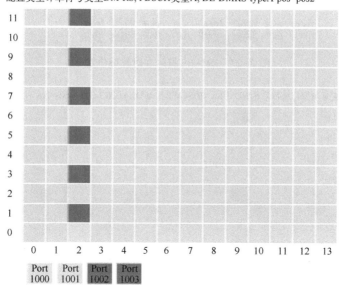

图 2-26　DM-RS 符号在时频域位置 1

PDSCH 类型 A，配置类型 1，双符号类型 DM-RS（时域起始位置符号 2），DM-RS 时频域资源中位置，如图 2-27 所示。

PDSCH 类型 A，配置类型 1，单符号类型 DM-RS，时域起始位置符号 3，DM-RS 时频域资源中位置，如图 2-28 所示。

PDSCH 类型 A，配置类型 1，双符号类型 DM-RS，时域起始位置符号 3，DM-RS 时频域资源中位置，如图 2-29 所示。

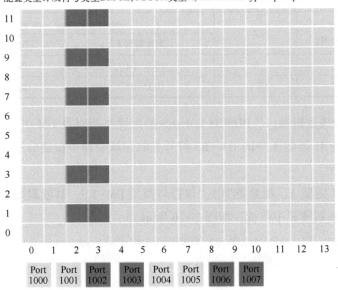

图 2-27　DM-RS 符号在时频域位置 2

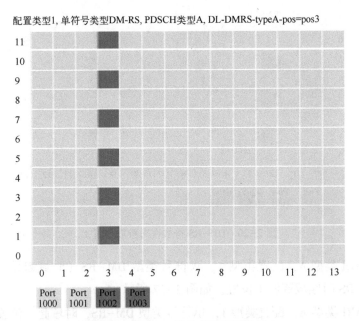

图 2-28　DM-RS 符号在时频域位置 3

PDSCH 类型 A, 配置类型 2, 单符号类型 DM-RS, 时域起始位置符号 2, DM-RS 时频域资源中位置, 如图 2-30 所示。

配置类型1, 双符号类型DM-RS, PDSCH类型A, DL-DMRS-typeA-pos=pos3

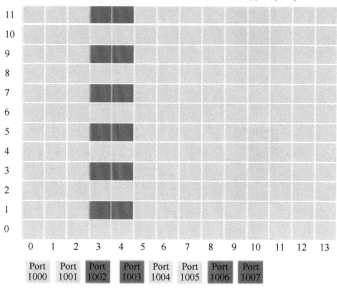

图 2-29　DM-RS 符号在时频域位置 4

配置类型2, 单符号类型DM-RS, PDSCH类型A, DL-DMRS-typeA-pos=pos2

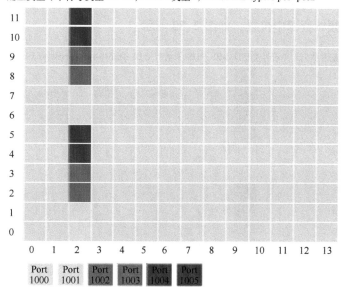

图 2-30　DM-RS 符号在时频域位置 5

　　PDSCH 类型 A，配置类型 2，双符号类型 DM-RS，时域起始位置符号 2，DM-RS 时频域资源中位置，如图 2-31 所示。

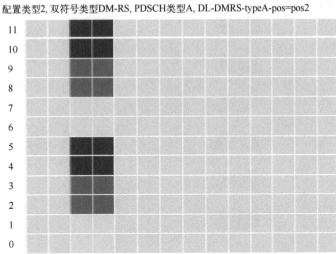

图 2-31　DM-RS 符号在时频域位置 6

PDSCH 类型 A，配置类型 2，单符号类型 DM-RS，时域起始位置符号 3，DM-RS 时频域资源中位置，如图 2-32 所示。

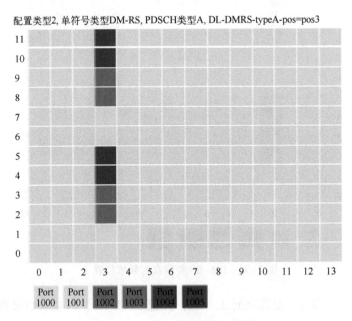

图 2-32　DM-RS 符号在时频域位置 7

PDSCH 类型 A，配置类型 2，双符号类型 DM-RS，时域起始位置符号 3，DM-RS 时频域资源中位置，如图 2-33 所示。

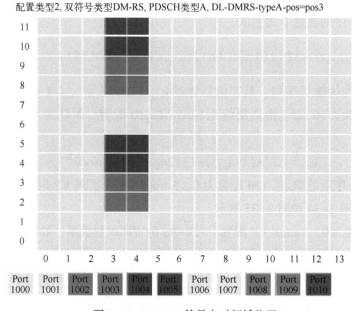

图 2-33　DM-RS 符号在时频域位置 8

2. CSI-RS 参考信号

LTE-Advanced 中的简单解决方案已经为采用 8 根发射（TX）天线的情形定义了另一种与蜂窝有关的 RS，它暗示着 CSI 测量和解调都可以使用 CRS，但是，使用 Rel8 终端的向后兼容时会产生一个问题，在不知道新 RS 存在的情况下，由于数据和新 RS 之间的持续碰撞会导致传统终端性能不可避免地变差。

另外，8-TX CRS 的另一个缺点是当给定大多数终端通常无法享受的 8 层传输优势的事实后，参考符号的开销过高。于是，在 TM9 后，将用于 CSI 测量的参考信号与用于数据解调的参考信号脱钩，产生新的用于反馈 CSI 的参考信号 CSI-RS（信道质量评估）和用户数据解调的参考信号 DM-RS。

（1）CSI-RS 功能

在 LTE TM9 引入 CSI-RS 参考信号之前使用 CRS 导频信号，支持 4port，在 TM9 之后，如果继续使用 CRS 导频信号支持 8port，则浪费太多时频资源，因此设计 CSI-RS 信号。CSI-RS 信号主要用于服务小区和邻区测量，RRM 算法包括 CQI、PMI、RI 的反馈，CSI-RS 主要有 4 种应用场景：终端移动时的

服务小区和邻区测量；初始 CQI 上报，用以初始 MCS 选择、PMI 上报；预编码矩阵的计算；RI 上报，即 RANK 上报。

（2）CSI-RS 序列生成

CSI-RS 序列通过下式生成：

$$r(m)=\frac{1}{\sqrt{2}}(1-2c(2m))+j\frac{1}{\sqrt{2}}(1-2\cdot c(2m+1))$$

其中，$c(i)$ 为伪随机序列，其初值是通过 $n_{s,f}$（slot 序号）、l（一个 slot 内的 OFDM 符号数）和 n_{ID}（由高层信元 ScramblingID 配置，默认为小区 PCI）共同决定。

$$c_{init}=(2^{10}\times(14n_{s,f}+l+1)(2n_{ID}+1)+n_{ID}\bmod 2^{31}$$

CSI-RS 序列的映射，CSI 配置为 0，Normal CP 及扩展 CP 时，CSI-RS 的资源映射如图 2-34 和图 2-35 所示。

CSI 配置为 0，Normal CP 配置下 CSI-RS 的资源映射关系，如图 2-34 所示。

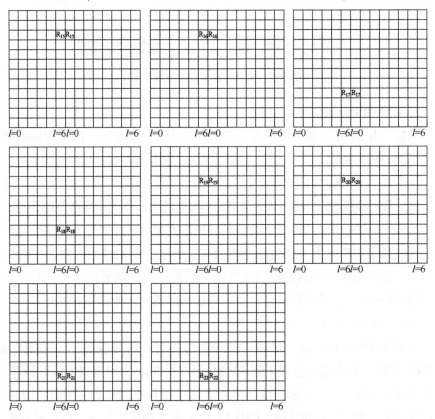

图 2-34　CSI-RS 的资源映射图 1

CSI 配置为 0，扩展 CP 配置下 CSI-RS 的资源映射关系，如图 2-35 所示。

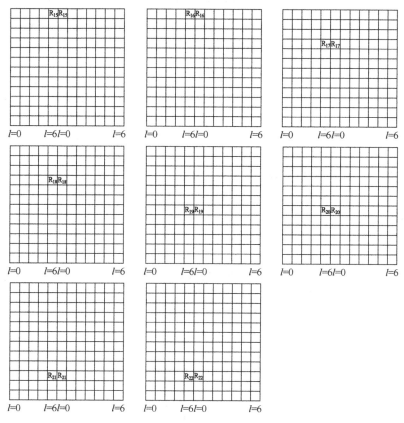

图 2-35　CSI-RS 的资源映射图 2

（3）CSI-RS 的子帧配置

CSI-RS 信号的配置有两个参数即 $T_{\text{CSI-RS}}$（CSI-RS 周期）、$\Delta_{\text{CSI-RS}}$（CSI-RS 子帧偏移量），其配置范围如表 2-13 所示。CSI-RS 子帧配置索引 $I_{\text{CSI-RS}}$ 可为每一个 UE 独立配置。含 CSI-RS 的子帧必须满足 $(10n_{\text{f}}+\lfloor n_{\text{s}}/2 \rfloor - \Delta_{\text{SCI-RS}}) \bmod T_{\text{CSI-RS}}=0$

表 2-13　CSI-RS 子帧配置

CSI-RS-Subframe Config $I_{\text{CSI-RS}}$	CSI-RS Periodicity $T_{\text{CSI-RS}}$（subframes）	CSI-RS Subframe Offset $\Delta_{\text{CSI-RS}}$（subframes）
0~4	5	$I_{\text{CSI-RS}}$
5~14	10	$I_{\text{CSI-RS}}-5$

（续）

CSI-RS-Subframe Config I_{CSI-RS}	CSI-RS Periodicity T_{CSI-RS} （subframes）	CSI-RS Subframe Offset Δ_{CSI-RS} （subframes）
$15 \sim 34$	20	$I_{CSI-RS}-15$
$35 \sim 74$	40	$I_{CSI-RS}-35$
$75 \sim 154$	80	$I_{CSI-RS}-75$

（4）CSI-RS 符号位置配置

CSI-RS 在一个 RB 中的时频域位置由 k_0、l_0 来共同决定，其中 k_0、l_0 来自高层配置，k_0 表示频域上占据第几个子载波，l_0 表示时域上占据第几个 OFDM 符号。通过 CSI-RS 符号的起始位置，结合表 2-14 可以得出 CSI-RS 具体占用的符号位置。k'、l' 表示 CSI-RS 的几个符号相对于起始符号 k_0、l_0 的频域、时域偏移位置。

表 2-14　CSI-RS 在时隙中的位置

Row	Ports	Density	CDMiype	$(\bar{k}, \bar{l})$	k'	l'
1	1	3	No CDM	$(k_0,l_0),(k_0+4,l_0),(k_0+8,I_0)$	0	0
2	1	1,0.5	No CDM	(k_0,l_0)	0	0
3	2	1,05	FD-CDM2	(k_0,l_0)	0,1	0
4	4	1	FD-CDM2	$(k_0,l_0),(k_0+2,l_0)$	0,1	0
5	4	1	FD-CDM2	$(k_0,l_0),(k_0,l_0+1)$	0,1	0
6	8	1	FD-CDM2	$(k_0,l_0),(k_1,l_0),(k_2,l_0),(k_3,l_0)$	0,1	0
7	8	1	FD-CDM2	$(k_0,l_0),(k_1,l_0),(k_0,l_0+1),(k_1,l_0+1)$	0,1	0
8	8	1	CDM4(FD2)	$(k_0,l_0),(k_1,l_0)$	0,1	0,1
9	12	1	FD-CDM2	$(k_0,l_0),(k_1,l_0),(k_2,_0),(k_3,l_0),(k_4,l_0),$ (k_5,l_0)	0,1	0
10	12	1	CDM4(FD2,TD2)	$(k_0,l_0),(k_1,l_0),(k_2,l_0)$	0,1	0,1
11	16	1,0.5	FD-CDM2	$(k_0,l_0),(k_1,l_0),(k_2,l_0),(k_3,l_0),$ $(k_0,l_0+1),(k_1,l_0+1),(k_2,l_0+1),(k_3,l_0+1)$	0,1	0
12	16	1,0.5	CDM4(FD2,TD2)	$(k_0,l_0),(k_1,l_0),(k_2,l_0),(k_3,l_0)$	0,1	0,1
13	24	1,0.5	FD-CDM2	$(k_0,l_0),(k_1,l_0),(k_2,l_0),(k_0,l_0+1),(k_1,l_0+1),(k_2,l_0+1),$ $(k_0,l_1),(k_1,l_1),(k_2,l_1),(k_0,l_1+1),(k_1,l_1+1),(k_2,l_1+1)$	0,1	0

Row	Ports	Density	CDMiype	$(\bar{k},\bar{l})$	k'	l'
14	24	1,0.5	CDM4(FD2,TD2)	$(k_0,l_0),(k_1,l_0),(k_2,l_0),(k_0,l_1),(k_1,l_1),$ (k_2,l_1)	0,1	0,1
15	24	1,0.5	CDM8(FD2,TD4)	$(k_0,l_0),(k_1,l_0),(k_2,l_0)$	0,1	0,1,2,3
16	32	1,0.5	FD-CDM2	$(k_0,l_0),(k_1,l_0),(k_2,l_0),(k_3,l_0),$ $(k_0,l_0+1),(k_1,l_0+1),(k_2,l_0+1),(k_3,l_0+1),$ $(k_0,l_1),(k_1,l_1),(k_2,l_1),(k_3,l_1),$ $(k_0,l_1+1),(k_1,l_1+1),(k_2,l_1+1),(k_3,l_1+1)$	0,1	0
17	32	1,0.5	CDM4(FD2,TD2)	$(k_0,l_0),(k_1,l_0),(k_2,l_0),(k_3,l_0),(k_0,l_1),$ $(k_1,l_1),(k_2,l_1),(k_3,l_1)$	0,1	0,1
18	32	1,0.5	CDM8(FD2,TD4)	$(k_0,l_0),(k_1,l_0),(k_2,l_0),(k_3,l_0)$	0,1	0,1,2,3

k_0、l_0源自高层配置，协议中描述k_0、l_0由信元 CSI-RS-ResourceMapping 进行配置，但是目前 331 协议中 CSI-RS-ResourceMapping 尚未确定。此外，协议还规定了不同行配置下k_0设置的约束。

UE 从 L3 接收 RRC 信令，信令中明确 CSI-RS 的配置参数，包括 UE 使用具体的 CSI-RS 资源配置、上报方式、非周期触发方式。

（5）CSI-RS 调度

CSI-RS 支持周期、非周期和半静态三种类型，在 CSI-RS-ConfigNZP 中指示该 CSI-RS 的类型。对于非周期调度，用户在接入时通过 RRC 信令配置该用户的 4 个 CSI-RS-Proc，每个 CSI-RS-Proc 对应一套参数集合，包括 CSI-RS 资源配置、上报方式、序列生成所使用的 Scrambling ID、功率偏置等。当前 18B 实现中，CSI-RS 的发送时刻是和 DCI 同一时刻发送的，DCI 中的 CSI Request 指示是否需要用户测量并上报 CSI，Process Indicator 指示使用哪一套 CSI-RS-Proc 进行发送。对于周期 CSI，CSI-RS-ConfigNZP 还定义了 CSI-RS 的上报周期和 slot 偏置。目前 18B 版本不支持周期 CSI-RS。周期的 CSI，则根据 RRC 重配置消息中定义的频谱时域配置，以及上报周期进行 CSI-RS 的测量和上报。

（6）CSI-RS 测量及上报

CSI-RS 的上报时刻由 DCI 指示，如果是 DL DCI 触发，则在 PUCCH 上报。K0 为 DL DCI 下发时刻到指示调度的 PDSCH 的时间间隔，目前默认为 0，K1 为 PDSCH 到 PUCCH 的时间间隔下行 PDSCH 到 PUCCH HARQ 反馈的时间

间隔，通过 DL DCI 中的 PDSCH－to－HARQ－timing－indicator 进行指示，如图 2-36 所示。

-Timing of PUSCH/SRS-2 bits, where this field indicates DL data reception and corresponding acknowledgement K1. The set of values is configured by high layer.

The transmission slot of PUCCH is in n+K0+K1

图 2-36　CSI-RS 由 DCI 指示上报

如果是 UL DCI 触发，则在 PUSCH 上进行上报，K2 为 UL Grant 到实际调度的 PUSCH 的时间间隔，通过 UL CI 中的 Time-domain PUSCH resources 进行指示，如图 2-37 所示。

-Timing of PUSCH/SRS-2 bits, where this field indicates timing between UL grant and corresponding UL data transmission K2. The set of values is configured by high layes

➤ If this DCI format assigns more than zero RB. then the first slot corresponding PUSCH is scheduled in slot n+K2

图 2-37　CSI-RS 由 UL DCI 指示上报

非周期 CSI-RS 由 UL DCI 进行调度，通过 PUSCH 进行上报，半静态 CSI 上报使用 PUCCH 或 PUSCH 进行上报，周期 CSI-RS 上报则通过 PUCCH 进行上报，触发或激活 CSI 报告的 CSI-RS 配置，如表 2-15 所示。

表 2-15　触发或激活 CSI 报告的 CSI-RS 配置

CSI-RS 配置	周期性 CSI 报告	半静态 CSI 报告	非周期 CSI 报告
周期性 CSI-RS	无动态触发/激活	PUSCH 上报	DCI 触发
		PUSCH 上报	
半静态 CSI-RS	不支持	PUSCH 上报	DCI 触发
		PUSCH 上报	
非周期性 CSI-RS	不支持	Not Supported	DCI 触发

CSI-RS 可以测量 CQI/RI/PMI，其他 CRI/BSI/BRI 等协议尚未明确定义。PUSCH 的上报模式，支持下面 9 种（当前尚未支持随路上报），如表 2-16 所示。

表 2-16　CSI 报告上报模式 1

周期性报告	无 PMI	宽带 PMI	多 PMI（子带 PMI）
宽带 CQI	Mode(1-0)	Mode(1-1)	Mode(1-2)
UE 选择的子带 CQI	Mode(2-0)	Mode(2-1)	Mode(2-2)
多频带 CQI	Mode(3-0)	Mode(3-1)	Mode(3-2)

PUCCH 的上报模式，支持以下 5 种。其中 mode1-0，上报全带 CQI 和 RI；mode1-1，上报全带 CQI、RI 和 PMI，如表 2-17 所示。

表 2-17　CSI 报告上报模式 2

周期/非周期/半静态报告	无 PMI	宽带 PMI	多 PMI（子带 PMI）
宽带 CQI	Mode(1-0)	Mode(1-1)	–
UE 选择的子带 CQI	Mode(2-0)	Mode(2-1)	–
多频带 CQI	–	–	Mode(3-2)

3. PT-RS 参考信号

5G NR 工作在了更高的频率，而对于高频振荡器而言，相位噪声的影响更加明显，相位噪声容易带来 OFDM 子载波之间正交性的失真。因此 5G NR 中特别设计了相位追踪信号 PT-RS（Phase-Tracking Reference Signals）以降低振荡器中相位噪声的影响。由于相位噪声对于频域上所有子载波的相位偏转影响是一致的，而对于时域上不同 OFDM 符号的影响是弱相关的，因此 PT-RS 采取了一种频域稀疏而时域稠密的样式进行设计。PT-RS 是 UE 专属信号，被限制在调度资源中进行传输，并且可以采取波束赋形。不同天线逻辑端口对应的 PT-RS 在频域上采取频分复用的方式进行错开。PT-RS 可以根据振荡器的质量、载波频率、OFDM 子载波间隔和传输的调制编码策略（MCS）进行灵活配置。

（1）PT-RS 功能

PTRS 参考信号主要用于补偿相位噪声。一般情况下，随着振荡器载波频率的上升，相位噪声也会随之增大。因此对于工作在高频段（如毫米波频段）的 5G 无线网络，可利用 PTRS 信号来消除相位噪声。对于 OFDM 信号，相位噪声可引起所有子载波均产生相位旋，这种现象被业界称为共相位误差（CPE）。由于 CPE 产生的相位旋转在频域上对 OFDM 符号内的所有子载波产生相同的影响，在时域上各个 OFDM 符号之间的相位噪声相关性又很低；因

此 PTRS 信号采用频域低密度、时域高密度的设计方式。

（2）PT-RS 序列生成

PT-RS 的基础序列构成与 DM-RS 是一致的，子载波 k 上的 PT-RS 定义如下：

$$r_k = r(2m + k')$$

对于下行 PT-RS 参考信号，UE 应假定 PT-RS 仅配置在 PDSCH 资源块中并且仅当高层参数配置之后才可以使用。当 PT-RS 被配置使用后，UE 应假定 PDSCH 信道的 PT-RS 参考信号应该以 $\beta_{\mathrm{PTRS},i}$ 作为功率比例因子进行扩展以符合实际的传输功率，因此资源单位 $(k, l)_{p,\mu}$ 中的 PT-RS 信号被定义。

$$a_{k,l}^{(p,\mu)} = \beta_{\mathrm{PTRS},i} r_k$$

其中，l 是分配给 PDSCH 的 OFDM 符号中的其中之一；承载 PT-RS 的资源单位不用作承载 DM-RS、CSI-RS、SS/PBCH 块、PDCCH 信道，另外通过高层声明"不可用"的 PDSCH 可以承载 PT-RS。PT-RS 信号的时域符号位置 l 是相对 PDSCH 的起始位置进行设置的，设置规则按照如下步骤进行。

1）设置 $i = 0$ 和 $l_{\mathrm{ref}} = 0$。

2）如果间隔 $\max(l_{\mathrm{ref}} + (i-1)L_{\mathrm{PTRS}} + 1, l_{\mathrm{ref}}), \cdots, l_{\mathrm{ref}} + iL_{\mathrm{PTRS}}$ 之内，包含承载 DM-RS 的符号，那么设置 $i = 1$ 同时设置 l_{ref} 为 DM-RS 符号的符号索引（单符号 DM-RS）或者第二个 DM-RS 符号的符号索引（双符号 DM-RS）；重复步骤 2）前需要确保 $l_{\mathrm{ref}} + iL_{\mathrm{PTRS}}$ 在 PDSCH 分配范围之内。

3）将 $l_{\mathrm{ref}} + iL_{\mathrm{PTRS}}$ 加入 PT-RS 的时间索引位置集合。

4）将 i 加 1。

5）只要 $l_{\mathrm{ref}} + iL_{\mathrm{PTRS}}$ 在 PDSCH 分配范围之内就重复以上步骤 2，其中 $L_{\mathrm{PT-RS}} \in \{1, 2, 4\}$。

关于 PT-RS 在频域上的映射，规定分配给 PDSCH 的资源块以 0 至 $N_{\mathrm{RB}} - 1$ 按照由低到高的顺序进行标识。在这些资源块中相应的子载波以 0 至 $N_{\mathrm{sc}}^{\mathrm{RB}} N_{\mathrm{RB}} - 1$ 按照由低到高的顺序进行标识。UE 假定 PT-RS 在频域子载波上的映射按照下式确定：

$$k = k_{\mathrm{ref}}^{\mathrm{RE}} + (iK_{\mathrm{PTRS}} + k_{\mathrm{ref}}^{\mathrm{RB}}) N_{\mathrm{sc}}^{\mathrm{RB}}$$

$$k_{\mathrm{ref}}^{\mathrm{RB}} = \begin{cases} n_{\mathrm{RNTI}} \bmod K_{\mathrm{PTRS}}, & N_{\mathrm{RB}} \bmod K_{\mathrm{PTRS}} = 0 \\ n_{\mathrm{RNTI}} \bmod (N_{\mathrm{RB}} \bmod K_{\mathrm{PTRS}}), & \text{其他} \end{cases}$$

其中，$i=0,1,2,\cdots$；k_{ref}^{RE} 由表 2-18 中结合 DM-RS 的天线逻辑端口和 PT-RS 的天线逻辑端口共同给出，按照 3GPP TS 38. 214 的规定，对于 DM-RS 配置类型 1 下 DM-RS 在天线逻辑端口 1004-1007 传输时或者对于 DM-RS 配置类型 2 下 DM-RS 在天线逻辑端口 1006-1011 传输时，UE 假定此时 PT-RS 并不传输。如果高层参数 DL-PTRS-RE-offset 没有配置，默认使用 "00" 列对应取值，DL-PTRS-RE-offset 可选配置值如表 2-18 所示；n_{RNTI} 是 DCI 调度传输相关的 RNTI；$K_{PTRS} \in \{2,4\}$。

表 2-18　参数 k_{ref}^{RE} 取值表

DM-RS 天线端口 P	K_{ref}^{RE}							
	DM-RS 配置类型 1				DM-RS 配置类型 2			
	UL-PTRS-RE-offset				UL-PTRS-RE-offset			
	00	01	10	11	00	01	10	11
1000	0	2	6	8	0	1	6	7
1001	2	4	8	10	1	6	7	0
1002	1	3	7	9	2	3	8	9
1003	3	5	9	11	3	8	9	2
1004	–	–	–	–	4	5	10	11
1005	–	–	–	–	5	10	11	4

（3）PT-RS 的天线逻辑端口数

UE 可以根据高层控制资源组（Control Resource Set，CORESET）中的 TCI-PresentinDCI 参数确定 PT-RS 的天线逻辑端口数，如果该参数配置为 "Enabled"，UE 的 PT-RS 天线逻辑端口数根据 DCI 中的 TCI（Transmission Configuration Indicator）予以指示，否则，即当该参数配置为 "Disabled" 时，UE 的 PT-RS 天线逻辑端口数由用来调度 PDSCH 的 PDCCH 中的 CORESET 的 TCI 状态予以明确。

UE 通过高层参数 nrofPorts 配置每个 TCI 状态下的下行 PT-RS 天线逻辑端口数，如果该参数设置为 2，那么调度的 PT-RS 端口数为 2，同时每一个 PT-RS 端口与一个 DM-RS 端口组中的一个 DM-RS 端口相关，并且 UE 并不期望根据一个 DM-RS 端口组进行调度；如果 nrofPorts 设置为 1，那么调度的 PT-RS 端口数就是 1，对于 nrofPorts 设置为 1 的配置有以下 4 种场景值得

关注。

1）如果 UE 仅配置一个 PT-RS 传输端口，并且该 UE 根据两个 DM-RS 端口组进行调度，那么 UE 可以假定这两个 DM-RS 端口组共享一个 PT-RS 端口。

2）UE 认为该 PT-RS 端口与对应的 DM-RS 端口组中所包含相关的 DM-RS 端口同样经历"QCL-TypeA"和"QCL-TypeD"类型的信道衰落，而与另一个不相关的 DM-RS 端口组中所包含的 DM-RS 端口同样经历"QCL-TypeB"类型的信道衰落。

3）如果 UE 根据一个码字进行调度，PT-RS 天线端口与 PDSCH 相关的两个 DM-RS 天线端口的最小索引端口进行关联。

4）如果 UE 根据两个码字进行调度，PT-RS 天线端口与具备较高 MCS 的那个码字所对应的 DM-RS 天线端口相关联，如果两个码字的 MCS 一致，那么 PT-RS 天线端口与码字 0 所对应的具备最小索引的 DM-RS 天线端口相关联。

2.2.5　信道编码

5G 新空口的数据信道采取低密度奇偶校验编码（LDPC），控制信道采取极化编码（Polar）。LDPC 编码由其奇偶校验矩阵定义，每一行代表一个编码位（bit），每一列代表一个奇偶校验方程。5G 新空口中的 LDPC 编码采用准循环结构，其中的奇偶校验矩阵由更小的基矩阵定义，基矩阵的每个输入代表一个 $Z \times Z$ 零矩阵或者一个平移的 $Z \times Z$ 单位矩阵，如图 2-38 所示。

与其他无线技术中所采用的 LDPC 编码不同的是，5G 网络的 LDPC 编码采用速率兼容结构（Arate-Compatible Structure）。其中基矩阵可进行高速率编码，编码率为 2/3 或 8/9，还可通过扩展基矩阵加入行与列来生成额外的奇偶校验位，或者通过增量冗余 HARQ 等生成额外的奇偶校验码，从而可用更低的编码率进行传输。由于更高编码率的奇偶校验矩阵更小，相关的解码时延及复杂度因而得到降低，加上准循环结构的高平行度，因而获得非常高的峰值吞吐量和低时延。此外，5G 网络的奇偶校验矩阵可以扩展至比 4G 的 turbo 码更低的编码率，LDPC 编码可在低编码率的情况下获得更高的编码增益。

极化码主要用于 5G 网络层 1 及层 2 的控制信令。极化码于 2008 年提出，是以合适的解码复杂度达到香农极限的第一批编码技术。通过极化码编码器与外部编码器的串联，并跟踪解码器此前解码的比特位最可能数值，可以用更短的块长度，如层 1 及层 2 控制信令长度的典型数值，获得良好性能。

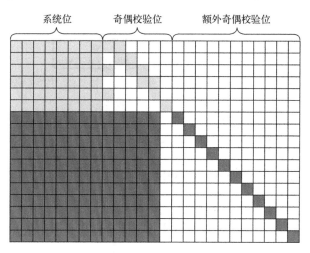

图 2-38　5G 新空口 LDPC 矩阵的结构

2.3　5G 基本业务流程

2.3.1　新增 RRC INACTIVE 态

终端 UE 和无线网络通过无线信道进行通信，因此双方需要一种控制机制来交换配置信息并达成一致，这种控制机制就是 RRC，即无线资源控制，可理解为终端 UE 和无线网络相互沟通的共同语言。相较于 4G 只有 RRC IDLE 和 RRC CONNECTED 两种 RRC 状态，5G 为应对万物互联，减少信令与功耗，5G 引入一个新状态 RRC INACTIVE，如图 2-39 所示。

在 RRC INACTIVE 状态下，终端处于省电"睡觉"状态，但仍然保留部分 RAN 上下文（如安全上下文）、UE 能力信息等，始终保持与网络连接，并且通过寻呼消息快速从 RRC INACTIVE 状态转移到 RRC CONNECTED 状态，以减少信令数量。

5G 在 RRC IDLE、RRC CONNECTED 和 RRC INACTIVE 三种状态之间可以相互转换，如图 2-40 所示。

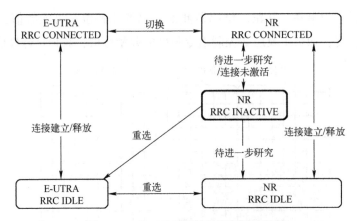

图 2-39　5G RRC 状态和状态转换机制

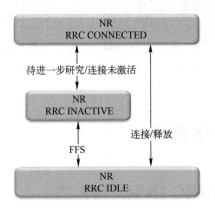

图 2-40　5G NR RRC 三种状态间转换

　　5G NR RRC 也与 LTE/UMTS/GSM 实现交互的状态转换。当 5G 处于 RRC INACTIVE 和 RRC IDLE 状态时，可重选至 4G；4G 在 RRC IDLE 状态下也可重选至 5G，但不能重选至 5G NR RRC INACTIVE 状态。

　　5G NR RRC 甚至可以与 UMTS/GSM RRC 之间进行状态转换，5G 处于 RRC INACTIVE 和 RRC IDLE 状态时，均可重选至 UMTS 空闲状态；在空闲状态下的 UMTS 也能重选至 5G RRC IDLE 状态，但不能重选至 5G NR RRC IN-ACTIVE 状态。同时，3G UMTS 在 CELL_FACH、CELL_PCH 和 URA_PCH 状态下，均可重选至 5G NR IDLE 状态，但 5G NR RRC INACTIVE 状态下不能重选至 3G UMTS 的 CELL_FACH、CELL_PCH 和 URA_PCH 状态。但在 RRC IN-ACTIVE 状态下，5G NR 并不支持与 GSM 之间的重选或 CCO，如图 2-41 所示。

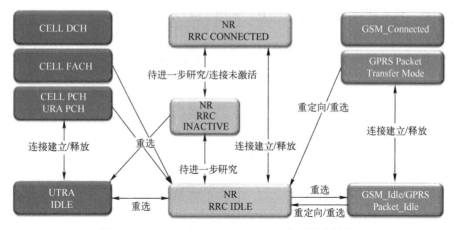

图 2-41　5G NR 与 UMTS/GSMRRC 之间状态转换

2.3.2　开机入网流程

与 4G 一样，5G 终端也需要开机入网流程，流程分为 PLMN 搜索（小区搜索）、随机接入、ATTACH、公共流程等子流程。

当 UE 开机后，首先进入 PLMN 搜索（小区搜索）流程，目的为搜索网络并和网络取得下行同步；随机接入解决不同 UE 间的竞争，取得上行同步；ATTACH 过程中建立 UE 与核心网之间相同的移动性上下文、终端的缺省承载、获取网络分配的 IP 地址；公共流程包含鉴权过程和安全模式过程。

1. 小区搜索

小区搜索是 UE 实现与 gNodeB 下行时频同步并获取服务小区 ID 的过程。

UE 上电后开始进行初始化并搜索网络。一般而言，UE 第一次开机时并不知道网络的带宽和频点。UE 会重复基本的小区搜索过程，遍历整个频谱的各个频点尝试解调同步信号。这个过程耗时，但一般时间要求并不严格。可以通过一些方法缩短后续的 UE 初始化时间，如 UE 存储以前的可用网络信息，开机后优先搜索这些网络、频点；一旦 UE 搜寻到可用网络，UE 首先解调主同步信号（PSS），实现符号同步，并获取小区组内 ID；其次解调次同步信号（SSS），实现帧同步，并获取小区组 ID，结合小区组内 ID，最终获得小区的 PCI 获得服务小区 ID；UE 将解调下行广播信道 PBCH，获取系统带宽、发射天线数等系统信息；UE 接收 PBCH 后，还要接收在 PDSCH 上传输的系

统消息。最终获得完整的系统消息，如图 2-42 所示。

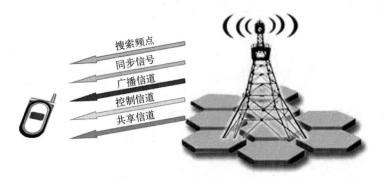

搜索频点
同步信号
广播信道
控制信道
共享信道

图 2-42　小区搜索过程

系统消息以小区为级别发送，如图 2-43 所示，包含小区接入 RACH 信息、PLMN 信息、小区能力信息等，接收系统消息是终端接入网络的必要条件。

UE　　　　　　　　gNB

最小系统消息
一直呈现，周期性广播发送

其他系统消息
选择性呈现，周期性广播发送

基于请求的其他系统消息
通过广播和专用信令发送

图 2-43　5G 系统消息

2. 随机接入

随机接入是 UE 与 gNodeB 实现上行时频同步的过程。

随机接入前，物理层从高层接收到随机接入信道 PRACH 参数、PRACH 配置、频域位置、前导（Preamble）格式等；小区使用 preamble 根序列及其循环位移参数，以解调随机接入 preamble。物理层的随机接入过程包含两个步骤，UE 发送随机接入 preamble，以及 gNodeB 对随机接入的响应，如图 2-44 所示。

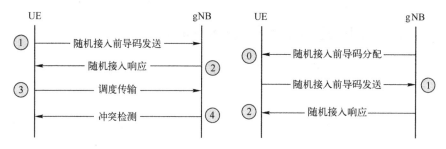

图 2-44　5G 随机接入过程

2.3.3　PDU session 建立

与 4G 相比，5G 支持新的 QoS flow 到达时触发建立无线承载，具体流程如图 2-45 所示。

1）PDU session 建立时触发建立无线承载。

2）gNB 新流的报文到达时建立流和无线承载的映射关系，或者触发建立新的无线承载，并建立映射关系。

3）gNB 通过用户面，通知 UE 建立新的流与无线承载之间的映射关系。

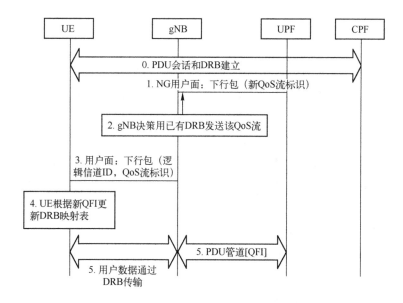

图 2-45　5G PDUsession 建立过程

2.3.4 UE 发起的上行 QoS Flow

UE 发送新的 QoS flow 时也可触发建立无线承载，满足业务多样性的需求，具体流程如图 2-46 所示。

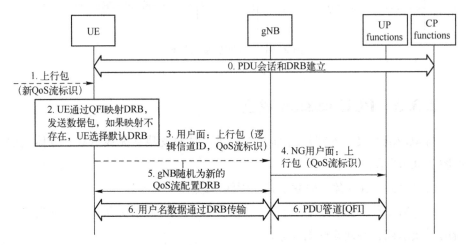

图 2-46 5G UE 发起的上行 QoSFlow 建立过程

2.3.5 移动性管理

SA 架构下，5G 切换流程和 4G 相比，基本无重大改变，但考虑到低时延等业务需求，将引入终端零感知的切换模式，如两个小区提前分配完全一样的资源给切换小区终端，具体流程如图 2-47 所示。

但对于 NSA 架构，由于信令面锚定在 4G 侧，5G 侧的移动性需要依托 4G 进行。NSA 用户的接入和 LTE 接入相同，4G 侧下发测量 B1 测量通知终端侧检测 5G 信道质量，并在 eNodeB 侧主导 5G 小区的增加、变更、修改等流程，如图 2-48 所示。

1. NSA 5G 辅载波建立

NSA 场景下，用户与普通 4G 用户一样，通过 eNodeB 接入网络，在完成初始接入后，eNodeB 侧下发 5G 测量配置，终端上报 5G 相应 B1 事件后，eNodeB 向 gNodeB 发起辅载波建立协商流程，eNodeB 侧通过 RRC 重配消息通知终端接入 5G 辅载波，如图 2-49 所示；在 option 3x 场景下，用户在完成随机接入后，还需要将 S1 用户面锚点从 LTE 切换到 NR。

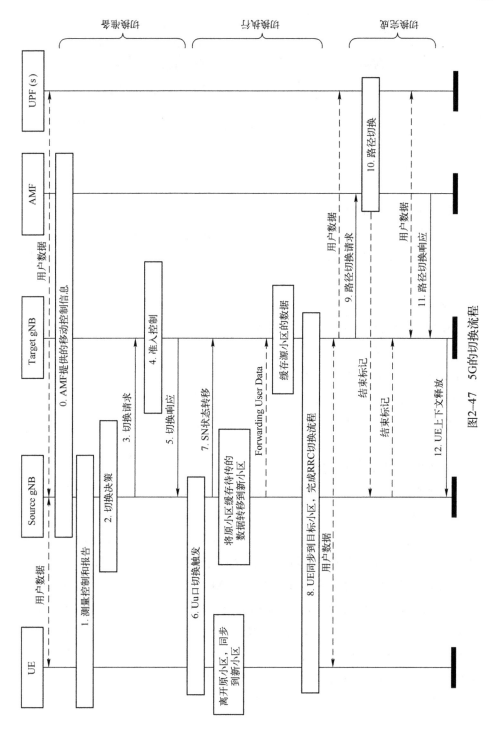

图2-47 5G的切换流程

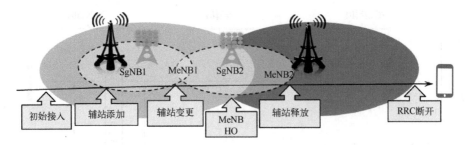

图 2-48　5G NSA 移动性管理示意图

2. NSA 5G 辅载波变更

NSA 场景下，NR 作为 UE 的辅载波，当 UE 移动出 NR 小区覆盖范围时，需要进行辅载波变更。3GPP 支持站内辅载波变更（变更前后的 NR 小区同站）和站间辅载波变更（变更前后的 NR 小区属于异站）；可以同频辅载波变更和异频辅载波变更。

3GPP 支持测量配置信息由主载波下发，也支持只由辅载波下发，以主载波下发测量配置为例，当终端建立无线承载后，eNodeB 将向 UE 发送 Measurement Configuration 消息，此消息包含同频测量的相关配置，UE 据此执行相关测量；在终端处于连接态或完成辅载波变更后的情况下，若测量配置有更新，则 eNodeB 通过 RRC Connection Reconfiguration 消息下发更新或部分更新的测量配置。否则不下发，沿用原测量配置信息，如图 2-50 所示。

3. NSA 主载波站内切换

当主载波需要切换时，可携带辅载波切换，也可先释放辅载波后再切换。

对站内切换场景而言，当源 MeNB 没有收到源 SgNB 的释放请求时，则带 SgNB 做站内切换；若 MeNB 在站内切换时，辅站已经释放，则在切换时不需要带辅站切换，切换完成后重新发起辅站添加流程。

携带辅载波的主载波站内切换首先由 eNB 下发 LTE 同频/异频测量控制，UE 上报同频/异频测量报告，eNodeB 收到测量报告判决要触发站内切换；eNB 发送 SgNB Modify Request 消息，其中包括了 LTE 小区切换后加密参数等用户上下文信息的变更，通知辅站 SgNB 更新加密参数，SgNB 重新完成配置并响应；UE 完成切换到新的 LTE 主小区；UE 根据 eNB 下发的重配置信息随机接入到目标 eNB 和原辅站小区，如图 2-51 所示。

图2-49 5G辅载波建立示意图

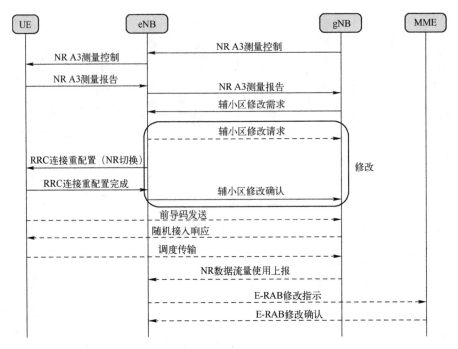

图 2-50 5G 辅载波变更示意图

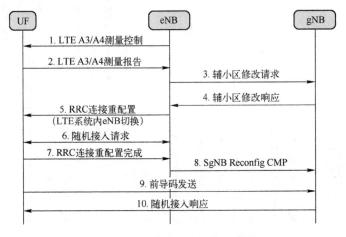

图 2-51 主载波站内切换示意图

4. NSA 主载波站间切换

与 5G 主载波站内切换相似，站间切换场景也可分为携带辅载波切换与不携带辅载波切换两种，能否携带辅载波切换主要取决于在源 eNB 到目标 eNB 的切换消息中能否携带 NR 的 PDCP 层配置，以告知目标 eNB 在收到切换请求消息后知道 NR 辅载波的 PDCP 层确切配置；否则跨站切换时，只能先将 SCG 删除，重新在目标 MeNB 添加辅站。此时主载波切换与普通 LTE 站间切换相似，仅在主站切换完成后，由新的 eNB 重新下发 5G 测量配置，重新引导终端在新的 eNB 下建立 NR 辅载波，如图 2-52 所示。

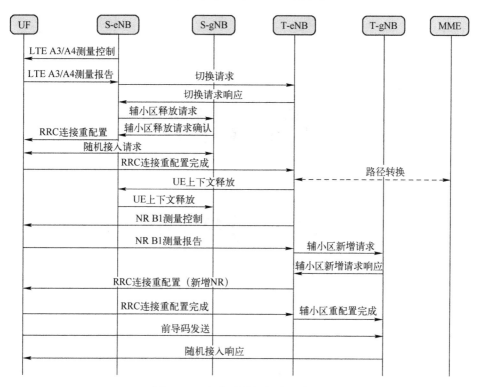

图 2-52　主载波站间切换示意图

第 3 章

5G 关键技术

为满足 5G 在 eMBB、mMTC 和 URRLLC 等领域的应用需求，5G 在全频谱接入、灵活新空口、新架构、新功能特性等多维度产生多项关键技术。

3.1 全频谱

3.1.1 全频谱接入

全频谱接入采用低频和高频混合组网方式，低频是 5G 核心频段，用于连续广覆盖；高频（6~100 GHz）频谱用于满足高速率、大容量等 5G 需求，如图 3-1 所示。高低频混合组网，结合数据面与控制面分离的架构，利用超密集组网和高频自适应回传技术，可以有效解决热点场景下的高容量和高速率需求，并保持较低的建网成本。

图 3-1　全频谱接入 5G 网络

高频段即 6 GHz 以上频段，连续大带宽可满足热点区域极高的用户体验速率和系统容量需求，但是其覆盖能力较弱，难以实现全网覆盖，因此需要与 6 GHz 以下的中低频段联合组网，以高频和低频相互补充的方式来解决网络连续覆盖的需求。全球已有 14 个国家和地区对 Sub-6 GHz 频段做了 5G 规划，有 6 个国家和地区对 6 GHz 以上频段做了 5G 规划，如表 3-1 所示。至于中频

段，全球大部分国家和地区对于中频段的具体范围没有确切的定义，但普遍认为 3~6 GHz 为中频段重要资源。

表 3-1　全球 5G 频谱拍卖/分配计划

已规划用于 5G 的频段	国家和地区
Sub-6 GHz	澳大利亚、捷克、法国、中国香港、拉脱维亚、墨西哥、荷兰、波兰、韩国、西班牙、瑞士、泰国、英国、美国
6 GHz 以上	澳大利亚、加拿大、中国香港、波兰、韩国、美国

另外由于高频信号在移动条件下，易受到障碍物、反射物、散射体以及大气吸收等环境因素影响，高频信道与传统蜂窝频段信道有着明显差异，如传播损耗大、绕射、穿透能力差，信道变化快等。因此需要对高频信道测量与建模、高频新空口、组网技术以及器件等内容进行深入研究。

在 2015 年世界无线电通信大会 WRC-15 会议上已经对 3.3~3.6 GHz 规划成 5G 实验频段。中国已经确定在 3.3~3.6 GHz、4.8~5 GHz；24.75~27.5 GHz、37~42.5 GHz 频段上部署 5G。释放了 500 MHz 的中频资源、8.25 GHz 的高频资源。

LTE 存量频谱（Sub-3G）的持续演进，是 5G 用户体验的关键组成部分。5G 新频谱不等于 5G 竞争力，"4G 存量演进+5G 新频谱"才能整体构成 5G 核心竞争力。5G 新频谱带宽取决于最终分配方式，优先连续大带宽分配；5G 新频谱的频段高、深度覆盖能力差、建网成本高，难以快速建立一个 5G NR 无缝覆盖网络；LTE 存量频谱多，可通过 5G 技术 4G 化，持续技术演进，实现接近 5G 的体验，是 5G 整体竞争力的重要基石。

目前业界开展研究的 5G 典型候选频段主要包括 6 GHz、15 GHz、18 GHz、28 GHz、38 GHz、45 GHz、60 GHz 和 72 GHz，测量场景涵盖室外热点和室内热点。

初步的信道测量表明，频段越高，信道传播路损越大。高频信道表现出的一个新特征是信道特性比较依赖采用的天线形态，传输损耗、时延扩展和接收功率角度谱等参数随着天线形态的不同将发生较大变化。因此信道测量如何与天线形态解耦是今后高频信道建模的研究重点。

信道传输损耗估计方面，业界公认的有 Close-in Reference 和 Floating Intercept 两种不同的路损模型。比较而言，测量数据不足时 Close-in Reference 模型更加稳定，测量数据充足时 Floating Intercept 模型更加合理。

3.1.2　上下行解耦

无线网络覆盖由上行链路和下行链路共同决定，需要达到上下行链路平衡。往往基站发射天线增益大和功放功率大，而终端由于体积受限，天线和功放不能做得很大，因此多数情况下上行覆盖受限。与覆盖差异相关的另一个主要因素是频段，频率越低，路径损耗越小，频段相差一倍，链路损耗可能相差 10 dB 左右。

针对高频段上行覆盖受限的问题，上下行解耦方案应运而生，并进一步推动在 5G 标准中采纳了该特性。上下行解耦是针对 5G 的上行和下行链路所用频谱之间关系的解耦，5G 上下行链路所用频率不再固定于原有的关联关系，而是允许上行链路配置一个较低的频率，以解决或减小上行覆盖受限的问题。5G 终端能同时利用高低频段，下行采用高频段，而上行链路可以承载在高频或低频上，达成与高频段的下行链路一致或相近的覆盖半径，实现上下行无线链路平衡。在部署上下行解耦的情况下，一般仍然需要配置 5G NR UL，例如对于 NR TDD 双工模式，UE 需要通过 NR UL 发送 SRS 用于 gNB 进行 NR DL 下行信道估计。

如图 3-2 所示，以 3.5 GHz 5G NR 核心频段为例，由于 NR 上下行时隙配比不均以及 UE/gNB 上下行功率差异大等原因，导致 3.5 GHz 频段上下行覆盖不平衡，经链路预算计算，3.5 GHz 上行覆盖能力相比下行少 13.7 dB，给后续 3.5 GHz 频段 5G 连续组网带来较大问题。

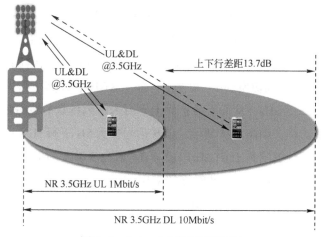

图 3-2　C-band 上行覆盖瓶颈大

5G 协议定义的上下行解耦定义了新的频谱配对方式，将部分低频上行频段分配为上下行解耦专用频率，允许上下行使用不同频段。如图 3-3 所示，以 3.5 GHz 组网为例，下行数据使用 3.5 GHz 频段，充分发挥 C 波段可用频谱资源多的优势，上行可使用 1.8 GHz 等低频频段，发挥低频 1.8 GHz 上行覆盖能力强的优势，相比 3.5 GHz 上行，可增强 11.4 dB 的上行覆盖，降低运营商5G 建网成本。

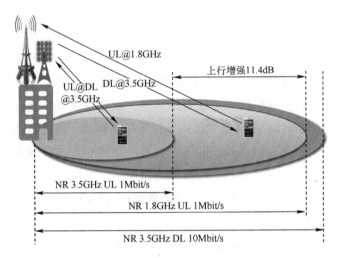

图 3-3　上下行解耦引入低频补充上行

NR 基站与 LTE 基站共站是典型部署场景，如图 3-4 所示。以该部署为例，假设 5G NR DL 在频率 F2，5G NR 和 LTE 在 UL 共享频率 F1，其中上行频率 F1 对于 NR 组网而言称为辅助上行载波（Supplementary Uplink Frequency）。当 NR 终端在覆盖近区时，NR 终端上下行链路工作在 F2 上，如 3.5 GHz，当 NR 终端离开基站向小区边缘移动时，随着上行链路覆盖的减弱，NR 终端的上行将承载切换到 F1 频率上，如 1.8 GHz，而其下行则保持在原有 F2 频率上，如 3.5 GHz，从而有效扩大上下行未解耦场景的覆盖范围。

需要注意的是，如图 3-5 所示，SRS 信号作为 5G 下行 Missive MIMO 的重要输入，在上下行解耦到 1.8 GHz 以后，在 NR 3.5 GHz 的上行仍需要继续发送 SRS 信号，保证 BF 增益，此时终端采用 SRS Switching 技术保证在 3.5 GHz 传输 SRS 信号时，1.8 GHz PUSCH 打孔，不进行数据传输，在 SRS 信号发送完成后，继续在 1.8 GHz 做上行数传。

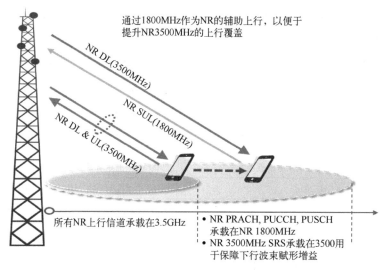

图 3-4　NR 与 LTE 基站共站的典型部署场景

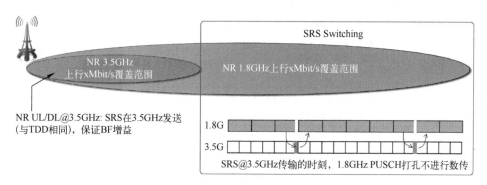

图 3-5　SRS Switching 技术

　　业界在上下行解耦实现方式上也有多种探索与研究，除了上文所说的 SUL 的方式以外，3.5 GHz NR 和低频 LTE 载波间 CA 方式也可改善 5G NR 在 3.5 GHz 载波的上行覆盖。SUL 和 CA 两种方式都可一定程度实现上下行解耦的目的，但从技术实现方式对比，两者仍存在较大差异。以 1800 MHz + 3.5 GHz 为例，SUL 使用 1800 MHz NR 上行+3.5 GHz 下行，在高频覆盖能力不足时，上行传输切换到低频。上行下行均只有一个载波，上行通过激活不同载波进行高低频的切换；CA 使用 1800 MHz NR 上行+1800 MHz NR 下行+3.5 GHz 下行。在高频覆盖能力不足时，主载波切换到低频。下行有高低频两个载波，上行仅有一个载波，上行通过主载波切换进行高低频的切换。SUL

与 CA 的主要区别为 CA 通过切换主载波增强上行覆盖能力，SUL 通过激活低频载波增强上行覆盖能力。

　　SUL 在产业进展、清频要求、信令负载方面具备优势，CA 在下行覆盖、功控、同步、移动性管理方面具备优势，如表 3-2 所示。

表 3-2　SUL 与 CA 的优劣势分析

比较项	SUL	CA
上行覆盖	900 MHz/1800 MHz 载波	900 MHz/1800 MHz 载波
下行覆盖	3.5 GHz 载波	(+) 3.5 GHz+900 MHz/1800 MHz 载波
产业进展	(+) 主设备最早 2018 年 Q4（华为）	(−) 主设备最早 2019 年 Q2（中兴、爱立信）
腾频要求	(+) 仅需上行频谱，腾频要求较低，但需要 FDD-LTE，否则浪费下行频率	(−) 需上下行频谱，腾频要求较高，需要 5G 低频
信令负载	(+) RRC 信令或 DCI 激活 SUL 载波，信令负载较小	(−) CA 考虑主载波切换及辅载波添加，比 SUL 约多 14% 的信令负载
功控	(−) 下行测量与上行发送的载波不同，会影响上行功控准确性，需进行闭环功控	(+) 下行测量与上行发送的载波相同，上行功控较准确，可使用开环功控
同步	(−) 在低频和中频载波上使用相同的定时提前量（Timing Advance，TA）可能会带来时间同步问题（中频低频不共站时）	(+) 支持最多 4 个定时提前量组（Timing Advance Group，TAG），同步信息更准确
移动性管理	(−) 仅能根据 3.5 GHz 的下行测量结果进行移动性管理	(+) 根据 3.5 GHz 及 900 MHz/1800 MHz 的下行测量结果进行移动性管理，移动性管理准确度较高

3.1.3　灵活双工和全双工

1. 灵活双工

　　未来移动流量呈现多变特性，上下行业务需求随时间、地点、应用场景而变化，现有通信系统相对固定的频谱资源分配方式，已无法满足不同小区变化的业务需求。灵活双工能够根据上下行业务变化情况动态分配上下行资源，有效提高系统资源利用率。

　　灵活双工可以通过时域或频域的方案实现。在 FDD 时域方案中，每个小区可根据业务量需求将上行频带配置成不同的上下行时隙配比；在频域方案中，可以将上行频带配置为灵活频带以适应上下行非对称的业务需求，如图3-6所示。同样的，在TDD系统中，每个小区可根据上下行业务量需求来决定用于上下行传输的时隙数目，实现方式和FDD中上行频段采用的时域方案类似。

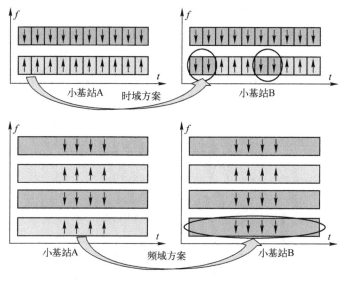

图3-6　5G的灵活双工方式

灵活双工的主要技术难点在于不同通信设备上下行信号间的相互干扰问题。这是因为在LTE系统中，上行信号和下行信号在多址方式、子载波映射、参考信号谱图等多方面存在差异，不利于干扰识别和删除。因此，上下行信号格式的统一对于灵活双工系统的性能提升非常关键。

对于现有的4G系统，可以采用载波搬移、调整解调参考信号谱图或静默方式，再将不同小区的信号通过信道估计、干扰删除等手段进行分离，从而有效解调出有用信息。而5G可根据上下行信号对称性原则来设计5G通信协议和系统，从而将上下行信号格式统一，那么上下行信号间干扰自然被转换为同向信号间的干扰，再应用现有的干扰删除或干扰协调等手段来处理干扰信号。

上下行对称设计要求上行信号与下行信号在多方面保持一致性，包括子载波映射、参考信号正交性等方面。此外，为抑制相邻小区上下行信号间的相互干扰，灵活双工将采用降低基站发射功率的方式，使基站的发射功率达

到与移动终端对等的水平。未来宏站将承担更多用户管理与控制功能，小站将承载更多的业务流量，而且发射功率较低，更适合采用灵活双工。

2. 全双工

全双工技术是指在相同频率相同时间上同时收发的技术，如图 3-7 所示，与上下行需要单独的频谱资源的 FDD、通过时间片复用实现上下行的 TDD 等半双工技术不同，全双工同时在同一个频谱上实现上行和下行业务。全双工上下行一共只需 20 MHz 即可实现 FDD 技术上下行各 20 MHz 才能实现的性能。全双工的频谱效率相比 4G 传统的 FDD/TDD 技术可以提升一倍。

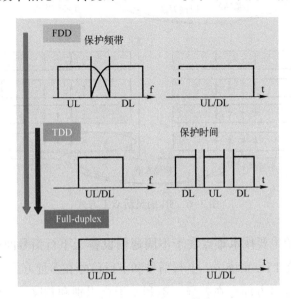

图 3-7　5G 的全双工技术

从设备层面看，全双工的主要挑战是如何实现上下行的干扰自抑制，即本地设备自己发送的同时同频信号，如何在本地接收机中进行有效抑制。目前，业界达成共识的主要方案是在空域、射频域、数字域进行联合的自干扰抑制，如图 3-8 所示。

空域自干扰抑制主要依靠天线位置优化、空间零陷波束、高隔离度收发天线等技术手段实现空间自干扰的辐射隔离。射频域的自干扰抑制的核心思想是构建与接收自干扰信号幅相相反的对消信号，在射频域完成抵消，达到抑制效果。数字域自干扰抑制针对残余的线性和非线性自干扰进一步进行重建消除。

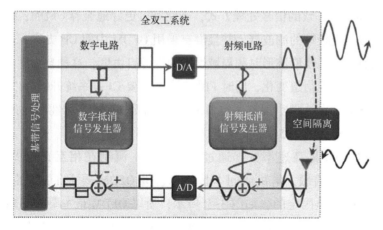

图 3-8 联合的自干扰抑制

3.2 新空口

3.2.1 F-OFDM 基础波形

为更好地支撑 5G 的各种应用场景，新型多载波技术的研究需要关注多种需求。比如物联网业务、V2X 业务对基础波形提出新的要求。其次，新技术、新业务不断涌现，为避免"一出现就落后"的局面，新型多载波需要具有良好的可扩展性，以便通过增加参数配置或者简单修改就可以支撑未来出现的新业务。

5G 的多样化需求需要通过融合新型调制编码、新型多址、大规模天线和新型多载波等新技术共同满足。作为基础波形，新型多载波技术需要和这些技术能够很好结合。围绕这些需求，业界已经提出多种新型多载波技术，例如 F-OFDM（Filtered Orthogonal Frequency Division Multiplexing，过滤正交频分复用）技术、UFMC（Universal Filtered Multi-Carrier，通用滤波多载波）技术和 FBMC（Filter Bank Multi-Carrier，滤波器组多载波）技术等。这些技术的共同特征是都使用滤波机制，通过滤波减少子带或子载波的频谱泄露，从而放松对时频同步的要求，避免 OFDM 的主要缺点。

在这些技术中，F-OFDM 和 UFMC 都使用子带滤波器，FBMC 则是基于子载波的滤波。其中，F-OFDM 使用时域冲击响应较长的滤波器，并且子带

内部采用 OFDM 一致的信号处理方式，因此可以更好地兼容 OFDM；UFMC 使用时域冲击响应较短的滤波器，并且没有采用 OFDM 中的 CP 方案；FBMC 放弃复数域的正交，换取波形时频局域性上的设计自由度，这种自由度使 FBMC 可以更灵活地适配信道变化，同时 FBMC 也不需要 CP，系统开销得以减少。

基础波形的设计是实现统一空口的基础，同时兼顾灵活性和频谱的利用效率，所以波形设计是 5G 的关键点之一。

4G 的 OFDM 将高速率数据通过串并转换，调制在相互正交的子载波上，并引入循环前缀，解决码间串扰问题，但 OFDM 要求子载波带宽、符号长度和 TTI 都是固定的，如图 3-9 所示，所以 OFDM 最主要的问题是不够灵活，无法应对 5G 不同场景下多样性业务的需求。比如车联网场景需要毫秒级时延，要求极短的 TTI 和时域符号，这就需要频域较宽的子载波间隔；物联网场景传送的数据量低，但连接数量巨大，这就需要在频域上配置较窄的子载波间隔，而时域上的 TTI 和符号长度都可以足够长，几乎不需要考虑码间串扰问题，因此不需要再引入 CP。

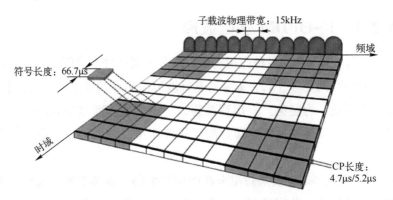

图 3-9　OFDM 子载波带宽、符号长度和 TTI

如把系统的时频资源理解成一节车厢，采用 OFDM 方案装修方案，火车上只能提供固定大小的硬座，即子载波带宽，所有人都只能坐一样大小的硬座。对于 5G，F-OFDM（Filter-OFDM）可以实现座位和空间都能够根据乘客的高矮胖瘦灵活定制硬座、软座、卧铺、包厢等。

F-OFDM（基于滤波的正交频分复用技术）能为不同类型的业务智能地提供不同的子载波物理带宽、符号周期长度、保护间隔/循环前缀长度配置，以满足不同业务对于 5G 系统时域资源以及频域资源的需求。它能够实现不同参数的 OFDM 波形在一个载波共存，使用不同的子带滤波器来创建多个 OFDM 子载波组，子载波组间分别有不同的子载波间隔、OFDM 符号长度和保护时长，如图 3-10 所示。

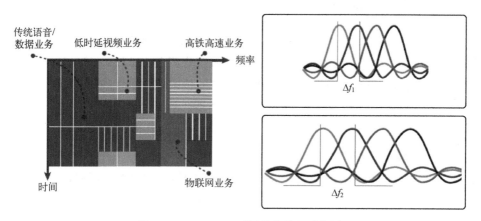

图 3-10　F-OFDM 不同子载波组示意图

F-OFDM 通过滤波实现灵活的子载波带宽，灵活的符号长度和灵活的 CP 长度，并能让不同配置的子载波共存，如图 3-11 所示。

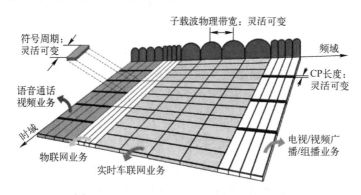

图 3-11　F-OFDM 灵活的子载波带宽配置

另外，F-OFDM 通过优化滤波器的设计大大降低带外泄露，实现将不同物理带宽的子载波之间的保护间隔做到最低一个子载波物理带宽。因此不同子带之间的保护带开销可以降至 1% 左右，不仅大大提升频谱利用率，也为将来碎片化的频谱提供可能。此外，由于子带间能量的隔离，子带之间不再需要严格的同步，有利于支持异步信号传输，减少同步信令开销。

F-OFDM 在继承 OFDM 的全部优点如频谱利用率高、适配 MIMO 等的基

础上，又克服 OFDM 的一些固有缺陷，进一步提升灵活性和频谱利用效率，是实现 5G 空口切片的基础技术。

3.2.2　新型多址方式

多址技术决定空口资源的分配方式，也是进一步提升连接数和频谱效率的关键。为应对 5G 海量连接的业务需求，业界提出以 SCMA、PDMA 和 MUSA 为代表的新型多址技术。这些新型多址技术都是通过多用户信息在相同资源上的叠加传输，在接收侧利用先进的接收算法分离多用户信息。不仅可以有效提升频谱效率，还可以成倍增加系统的接入容量。

1. SCMA 多址方式

通过 F-OFDM 已经实现在频域和时域的资源灵活复用，并把保护带宽降到最小，那么为进一步压榨频谱效率，还有哪些域的资源可以复用？最容易想到的是空域和码域。空分复用的 MIMO 技术在 4G 时代被提出，5G 时代会通过更多的天线数来进一步提升 MIMO 技术。码域在 3G 时代曾经大放异彩，但 4G 时代逐渐被遗忘，在 5G 时代能否重新启用？SCMA（Sparse Code Multiple Access，稀疏码分多址接入）技术正是采用这一思路，引入稀疏码本，通过码域的多址实现连接数的 3 倍提升。

如上所述，OFDM 已经实现火车座位（子载波）根据乘客（业务需求）进行自适应，进一步提升频谱效率就需要在有限的座位上容纳更多用户。例如，4 个同类型的并排座位，挤一挤塞 6 个人，这样不就轻松实现 1.5 倍的频谱效率提升吗？

SCMA 的第一个关键技术为低密度扩频。将单个子载波的用户数据扩频到 4 个子载波上，达到 6 个用户共享这 4 个子载波，如图 3-12 所示。之所以叫低密度扩频，是因为每个用户的数据只占用其中 2 个子载波，另外两个子载波是空的，这就相当于 6 个乘客坐 4 个座位，每个乘客最多坐两个。这也是 SCMA 中 Sparse 的由来。使用稀疏扩频的原因为如不稀疏就必须在全载波上扩频，那么同一个子载波上就有 6 个用户数据，多用户间数据冲突，难以解调。

SCMA 多址接入机制的核心就在于，各层终端设备的稀疏码字被覆盖于码域以及功率域，并共享完全相同的时域资源以及频域资源。即 SCMA 在发送端将编码比特直接映射为复数域多维码字，不同用户的码字在相同的资源块上以稀疏的扩频方式非正交叠加，如图 3-13 所示；在接收端则利用稀疏性进行低复杂度的多用户联合检测，并结合信道译码完成多用户的比特串恢复。

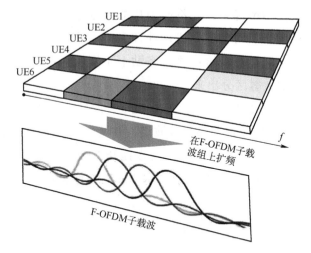

图 3-12　F-OFDM 的子载波组扩频

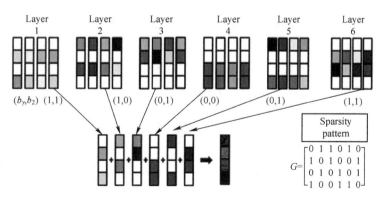

图 3-13　SCMA 多址接入机制

但是 4 个座位即子载波，塞 6 个乘客后，乘客之间就不严格正交。因为每个乘客占两个座位，无法通过座位号（子载波）来区分乘客。如图 3-13 所示，单一子载波上还是有 3 个用户的数据同时发送，多用户解调还是存在困难。这时候就需要用到 SCMA 的第二个关键技术，多维/高维星座调制。

传统的 IQ 调制只有两维，幅度和相位，多维/高维调制技术之中所调制的对象仍然还是相位和幅度，但是最终却使得多个接入用户的星座点之间的欧氏距离拉得更远，多用户解调与抗干扰性能由此就可以大大地增强。

每个用户的数据都使用系统所统一分配的稀疏编码对照簿进行多维/高维调制，而系统又知道每个用户的码本，于是，就可以在相关的各个子载波彼此之间不相互正交的情况下，把不同用户的数据最终解调出来。作为与现实生活之中相关场景的对比，上述这种理念可以理解为，虽然无法再用座位号来区分乘客，但是可以给这些乘客贴上不同颜色的标签，然后结合座位号，还是能够把乘客区分出来。

就这样，SCMA 在使用相同频谱的情况下，通过引入码域的多址，大大提升频谱效率，通过使用数量更多的载波组，并调整稀疏度（多个子载波中单用户承载数据的子载波数），频谱效率可以提升 3 倍甚至更高。

除上述的稀疏码扩频和多维调制技术，SCMA 还可以利用盲检测技术以及 SCMA 对码字碰撞不敏感的特性，实现免调度随机竞争接入，有效降低实现复杂度和时延，更适合用于小数据包、低功耗、大连接的物联网业务。

2. PDMA 多址方式

PDMA（Pattern Division Multiple Access，基于非正交特征图样的图样分割多址）技术以多用户信息理论为基础，在发送端利用图样分割技术，即多个用户采用易于干扰抵消接收机算法的特征图样进行区分；在接收端，对多用户采用低复杂度、高性能的串行干扰消除（SIC）算法实现多用户检测，可以逼近多址接入信道的容量界，如图 3-14 所示。

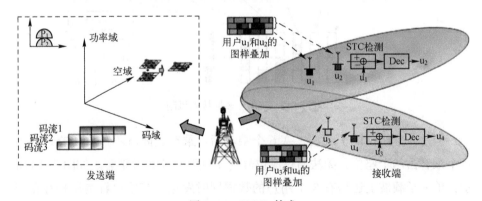

图 3-14　PDMA 技术

用户图样设计可以在空域、码域和功率域独立进行，也可以在多个信号域联合进行。相对于正交系统，PDMA 在发送端增加图样映射模块，在接收端增加图样检测模块。

3. MUSA 多址方式

MUSA（Multi-User Shared Access，基于复数多元码及增强叠加编码的多用户共享接入技术）是一种基于复数域多元码的上行非正交多址接入技术，适合免调度的多用户共享接入方案，非常适合低成本、低功耗实现 5G 海量连接。

对于上行链路，将不同用户的已调符号经过特定的扩展序列扩展后在相同时频资源上发送，接收端采用 SIC（Successive Interference Cancellation，串行干扰消除）接收机对用户数据进行译码，如图 3-15 所示。

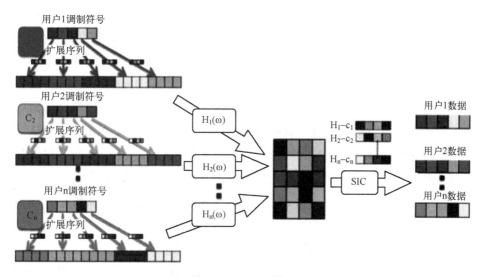

图 3-15　MUSA 技术

扩展序列的设计是影响 MUSA 方案性能的关键。如果像传统的 CDMA 那样使用很长的 PN（Pseudo-Noise，伪噪声）序列，那序列之间的低相关性是比较容易保证的。但是长 PN 序列在 5G 海量连接这样的系统需求下，系统过载率往往是比较大的，在大过载率的情况下，采用长 PN 序列所导致的 SIC 过程是非常复杂和低效的。所以，这就要求 MUSA 实现在码长很短的条件下具有较好的互相关特性。

MUSA 上行采用特别的复数域多元码序列来作为扩展序列，此类序列即使很短（4 个或 8 个），也能保持较好的互相关性。对于下行链路，基于传统的功率叠加方案，利用镜像星座图对配对用户的符号映射进行优化，提升下行链路性能。

3.2.3　新调制编码

编码技术的终极目标是指信道编码以尽可能小的开销确保信息的可靠传送。在同样的误码率下，所需要的开销越小，编码效率越高，频谱效率也越高。对于信道编码技术的研究者而言，香农极限是无数人皓首穷经、孜孜以求的目标。香农第二定理指出只要信息传输速率小于信道容量，就存在一类编码，使信息传输的错误概率可以任意小，而狭义的香农极限是指通过编码达到无误码传输时，所需要的最小信噪比，例如在理想情况下的 AWGN 信道，香农极限在−1.6 dB 左右。但在现实中，实现无误码传输的代价太高，在承受一定误码率的条件下，所需要的最小信噪比就是广义的香农极限。

通信与物流很相似，目标均为可靠地将货物运送至终点，例如一个玻璃杯工厂，需要从厂房 A（信源）运送一批玻璃杯到厂房 B（信宿），厂房 A 到厂房 B 之间有一条运输公路（信道），公路上存在各种坑洼和颠簸（信道噪声），为减少在运输过程中玻璃杯的破碎损耗（误码），需要在出厂时对玻璃杯用纸盒进行包装（编码），运送到厂房 B 之后再进行拆封（译码）。虽然包装（编码）增加开销，单位空间内能装的杯子（信息）减少，但显然经过包装之后，破损率（误码率）将大大降低。在允许一定破损率（误码率）的情况下，改进包装（编码）方法以尽可能降低对路面和运输车辆（信噪比）的要求，这个最低要求（最小信噪比）就是香农极限。

香农第二定理是一个存在性定理，只是说明这类编码存在，并没有说明什么编码可以达到，在过去的半个多世纪中提出多种纠错码技术，例如 RS 码、卷积码、Turbo 码和 LDPC 码等，并在各种通信系统中进行广泛应用，但是以往所有使用的编码方法都未能达到香农极限，直到极化码横空出世。

2007 年，土耳其比尔肯大学教授 Erdal Arikan 首次提出信道极化的概念，基于该理论，他给出第一种能够被严格证明达到香农极限的信道编码方法，并命名为极化码。极化码是迄今发现的唯一能够达到香农极限的编码方法，并且具有较低的编译码复杂度，当编码长度为 N 时，复杂度大小为 $O(N\log N)$。极化码的核心思想就是信道极化理论，不同的信道对应的极化方法也有区别。

要理解极化码，首先要理解信道极化的概念。所谓信道极化，顾名思义就是信道出现两极分化，是指针对一组独立的二进制对称输入离散无记忆信道，可以采用编码的方法，使各个子信道呈现出不同的可靠性。

信道极化包括信道组合和信道分解部分。当组合信道的数目趋于无穷大时，则会出现极化现象，一部分信道将趋于无噪信道，另外一部分则趋于全噪信道，这种现象就是信道极化现象。无噪信道的传输速率将会达到信道容量I(W)，而全噪信道的传输速率趋于零。极化码的编码策略正是应用这种现象的特性，利用无噪信道传输用户有用的信息，全噪信道传输约定的信息或者不传信息。

为便于理解，仍以玻璃杯工厂为例来进行说明。在工厂原来采用的包装方案即编码方法，运输过程中杯子出现破损（误码）的位置是不确定的，而极化码通过特定的包装方案，不管道路怎么颠簸，都可以保证一部分装箱的位置在运送过程中绝不破损（完美信道），而另一部分装箱的位置则必然破损（纯噪声信道），利用这种信道极化的特性，就可以在完美信道的位置装上杯子（信息比特），而纯噪声信道的位置为空（固定比特），因为在装箱的时候就可以知道完美信道的分布，因此在拆箱的时候，译码也就变得更加简单。事实上，极化码在使用改进后的SCL（Successive Cancelation List，串行抵消列表）译码算法时能以较低复杂度的代价，接近最大似然译码的性能。

极化码的优点如下。

（1）极化码性能增益更高，在相同的误码率前提下，实测极化码对信噪比的要求要比Turbo码低0.5~1.2 dB，更高的编码效率等同于频谱效率的提升。

（2）极化码可靠性更高，得益于汉明距离和SC算法设计得好，因此没有误码平层，可靠性相比Turbo码大大提升（Turbo码采用的是次优译码算法，所以有误码平层），对于未来5G超高可靠性需求的业务应用（如远程实时操控和无人驾驶等），能真正实现99.999%的可靠性，解决垂直行业可靠性的难题。

（3）Polar译码复杂度更低，极化码的译码采用基于（Successive Cancellation，串行抵消）的方案，因此译码复杂度也大大降低，这样终端的功耗就大大降低，在相同译码复杂度情况下极化码的功耗约为Turbo码的1/20，对于功耗十分敏感的物联网传感器而言，可以大大延长电池寿命。

3GPP最终确定5G eMBB场景的信道编码技术方案，其中，极化码作为控制信道的编码方案；LDPC（Low Density Parity Check Code，低密度奇偶校验码）码作为数据信道的编码方案。

3.3　新架构

3.3.1　超密组网

超密集组网的主要应用场景包括体育馆、交通枢纽、展会、密集街区、校园等。超密集组网一般是通过数量众多的小基站形成分布更密集的无线基础网络，如图3-16所示，获得更高的频率复用效率，从而实现局部热点区域百倍量级的容量提升。

图 3-16　5G 超密集组网

随着小区部署密度的增加，超密集组网会面临干扰、站址、移动性、传输资源以及部署成本的挑战，如何实现更好的干扰管理和抑制、灵活部署、易维护、传输资源易获取、提供无缝移动性体验的轻型网络将是超密集组网研究方向。

基于密集组网的小区干扰管理和抑制策略主要包括自适应小区分簇，基于集中控制的多小区相干协作传输，基于分簇的多小区频率资源协调技术，以及小区虚拟化技术。自适应小区分簇通过调整每个子帧、每个小区的开关状态并动态形成小区分簇，关闭没有用户连接或者无需提供额外容量的小区，从而降低对相邻小区的干扰。

基于集中控制的多小区相干协作传输，通过合理选择周围小区联合协作，终端对来自多个小区的信号进行相干合并，降低小区间干扰。

基于分簇的多小区频率资源协调，按照整体干扰性能最优原则，进行频率资源的优化分配。相同频率的小基站为一簇，簇间为异频，可以较好地提升边缘用户体验。

当前，在5G的实用化进程中，全双工技术尚需解决的问题和技术挑战包括大功率动态自干扰信号的抑制，多天线射频域自干扰抑制电路的小型化，全双工体制下的网络新架构与干扰消除机制，与FDD/TDD半双工体制的共存和演进路线等。

3.3.2　C-RAN

相比4G LTE网络，在无线传输技术、空中接口协议、系统架构方面，5G都发生了巨大的变化。5G C-RAN基于CU/DU的两级协议架构，形成了面向5G的灵活部署的网络云架构。

1. C-RAN的演进

在4G时代，C-RAN含义是Central-RAN，即集中式基带池。当时C-RAN的驱动力主要在于减少站点机房。从传统的BBU和RRU的分布式架构演进到集中化架构，BBU不再放在基站侧，而是拉远统一放置在中央机房，到RRU的距离从几千米到十几千米不等，如图3-17所示。这样的RAN网络或者MBB网络就被分成两部分，第一部分是从RRU到BBU池，这段网络叫作无线前向回传，使用的是标准的CPRI/OBSAI接口来传输I/Q信号。另一部分是从BBU池到无线网关，这一部分是用标准的以太接口。通过集中式基带池实现资源共享，解决潮汐效应和协同的问题，从而降低运营商CAPEX和OPEX。

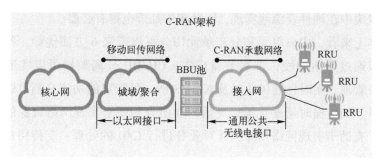

图3-17　Central-RAN架构

由于不同场景下小区吞吐量波动很大，将多个小区集中进行处理，有助于降低吞吐量处理能力和传输网需求，因此传统 C-RAN 效率较高，易于扩展。另外，C-RAN 实施过程中都采用 CPRI（Common Public Radio Interface，通用公共无线电接口）、OBSAI（Open Base Station Architecture Initiative，开放式基站架构）方案，其带宽和时延要求较高，所以集中化基带池很难做到很大规模。5G 系统吞吐量高达 10 Gbit/s，对 CPRI 的带宽要求非常大，因此传统 C-RAN 部署将不适用于 5G。

在 5G 时代，需要支持多种业务场景，比如更高带宽更低时延的 eMBB 业务，海量用户的 mMTC 业务，超低时延、高可靠的工业物联网 URLLC 业务。随着运营商向综合平台运营商转型，如何提供一个能够面向各类应用、高效、灵活、低成本、易维护、开放、便于创新的网络平台，将是运营商在 5G 时代的核心竞争力。因此从 3/4G 到 5G，C-RAN 的概念从 Central RAN 演进到 Centralized RAN 和 Cloud RAN，引入 CU-DU 功能重构以及云化接入网架构。从而在协作处理、性能、CAPEX/OPEX 降低、节能等方面满足 5G 应用需求。

Centralized RAN 包括中央单元（Central Unit，CU）和分布单元（Distributed Unit，DU），5G 系统与 3G 和 4G 不同，5G 使用多个频段且多层重叠如宏蜂窝+微小区，因此在复杂的网络中获得更大的性能增益，需要中央处理单元实现干扰管理和话务聚合。其次，由于 5G 带宽大，天线数目多，因此某些条件下无法完全集中化管理，比如多天线处理、前传压缩等功能需要在远端分布单元中实现。从而采用 CU-DU 架构分离，便于在各种场景下提供更大的灵活性。再次，实现多连接时，UE 到网络的连接来自多个频率下的多个传输点，为了防止话务在前传上多次转发，采用中央单元来集中进行话务处理更为有效。最后，5G 系统中采用网络功能虚拟化（NFV）时，一些高层功能可以集中在硬件资源池实现，因此集中处理也很有必要。

总体上来看，中央单元和分布单元切分可以带来 6 方面优势，各种场景下均可以通过灵活的硬件部署节省成本；CU/DU 分离架构可以实现性能协调、话务管理、实时性能优化以及 NFV/SDN；可配置的功能分割可以适应于不同场景，如传输时延变化等；灵活的功能分割便于实现网络资源的实时按需配置；有助于实现网络切片，针对业务进行 C/U 的处理；支持用户和应用的边缘分析。

在 5G C-RAN 架构中，C 还可以代表 Cloud（云化），为了实现云化，从系统设计架构，软硬件的实现都需要适配性的考虑。5G系统架构中提出解耦和切片。解耦包括两个方面，一是业务请求与空口资源分配之间解耦，如4G移动系统中，通过QoS、GBR、ARP等网络参数的设置以及用户的签约信息，将业务与资源进行了相对宽松耦合；2G网络中业务与资源的耦合更紧，每个话音用户至少分配2Mbit/s传输链路资源。二是软硬件处理能力的解耦，底层硬件统一以X86刀片机通用硬件集中部署，中层以虚拟化层进行逻辑划分，上层进行功能软件的应用开发。所以这两个方面的解耦意义不仅从"纵向"的业务与资源实现"去捆绑"解耦，同时对于集中部署的CU网元也从"横向"实现了软硬功能分离解耦。切片是将网络端到端功能通过新的物理/逻辑网元架构（CU-DU）进行重新划分，随着传统网元功能切片更加细分，C-RAN云化的能力会不断成熟。解耦实现了业务的解放，而切片将产业链不断地细分和标准化。

2. CU-DU分离

根据3GPP，5G的BBU功能将被重构为CU和DU两个功能实体。CU与DU功能切分以处理内容的实时性进行区分，如图3-18所示，CU涵盖无线接入网高层协议栈以及核心网的一部分功能，而DU涵盖基带处理的物理层以及层2部分功能，CU可以集中式地部署，DU部署取决于实际网络环境，核心城区话务密度较高，站间距较小，机房资源受限的区域（如高校，大型演出场馆等），DU可以集中式部署，而话务较稀疏，站间距较大的区域（如郊县，山区等），DU可以采取分布式部署。目前的2G/3G/4G网络，由于其烟囱式，星形分布式的接入网架构，突显回传（Backhaul）传输网络的作用，而接入网的局部集中式的部署架构使得前传（Fronthaul）传输网络价值得以体现，可以说前传网络即为CU到远端RRU的一系列传输链路。

从具体的实现方案上，CU设

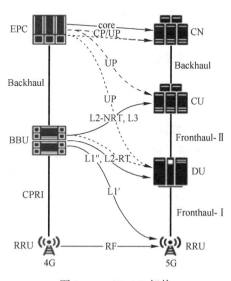

图3-18　CU/DU架构

备采用通用平台实现，这样不仅可支持无线网功能，也具备了支持核心网功能和边缘应用的能力，DU 设备可采用专用设备平台或通用+专用混合平台实现，支持高密度数学运算能力。

CU 通过交换网络连接远端分布功能单元，这一架构的技术特点是，可依据场景需求灵活部署功能单元，传送网资源充足时，可集中化部署功能单元，实现物理层协作化，而在传送网资源不足时也可分布式部署处理单元。而 CU 功能的存在，实现了原属 BBU 的部分功能的集中，既兼容了集中化部署，也支持分布式部署。可在最大化保证协作化能力的同时，兼容不同的传送网能力。

3.3.3 MEC

移动边缘计算（MEC）是把移动网络和互联网两者技术有效融合在一起，在移动网络侧增加计算、存储、数据处理等功能；构建开放式平台以植入应用，并通过无线 API 开放移动网络与业务服务器之间的信息交互，移动网络与业务进行深度融合，将传统的无线基站升级为智能化基站；MEC 的部署策略尤其是距离用户的相对地理位置可以有效实现低延迟、高带宽等，MEC 也可以通过实时获取移动网络信息和更精准的位置信息来提供更加精准的位置服务。MEC 系统通常包括以下 3 个部分。

第一部分为 MEC 系统底层。基于网络功能虚拟化（NFV）技术的硬件资源和虚拟化层架构，分别提供底层硬件的计算、存储、控制功能和硬件虚拟化组件，完成虚拟化的计算处理、缓存、虚拟交换及相应的管理功能。

第二部分为 MEC 功能组件。承载业务的对外接口适配功能，通过 API（应用程序接口）完成和基站及上层应用层之间的接口协议封装，提供流量旁路、无线网络信息、虚拟机通信、应用与服务注册等能力，具备相应的底层数据包解析、内容路由选择、上层应用注册管理、无线信息交互等功能。

第三部分为 MEC 应用层。基于网络功能虚拟化的虚拟机应用架构，将 MEC 功能组件层封装的基础功能进一步组合成虚拟应用，包括无线缓存、本地内容转发、增强现实、业务优化等应用，并通过标准的 API 和第三方应用 APP 实现对接。

MEC 系统通常位于无线接入点及有线网络之间。如图 3-19 所示，在电信蜂窝网络中，MEC 系统可部署于无线接入网与移动核心网之间。MEC 系统的核心设备是基于 IT 通用硬件平台构建的 MEC 服务器。MEC 系统通过部署于无线基站内部或无线接入网边缘的边缘云，可提供本地化的云服务，并可连接其他网络如企业网内部的私有云实现混合云服务。MEC 系统提供基于云平台的虚拟化环境，支持第三方应用在边缘云内的虚拟机（VM）上运行。相关的无线网络能力可通过 MEC 服务器上的平台中间件向第三方应用开放。

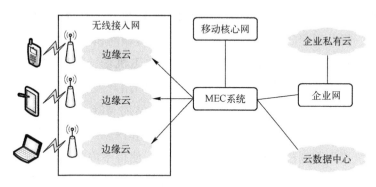

图 3-19　MEC 系统架构

MEC 可以提供更低的时延。由于业务缓存的内容大幅度接近用户终端设备，大大缩短业务接续和响应时延，从而实现对网络实际状态进行快速反馈，用以改善用户业务体验，同时减少网络中其他部分的拥塞。

MEC 可以提供位置感知。MEC 服务器可以使用获取的无线网络的信令信息来确定每个连接设备的位置，可为后续基于位置的服务、分析等业务应用奠定良好基础。

MEC 可以获取网络内容信息。MEC 服务器获取的实时网络数据如空中接口条件、网络参数等，可以作为能力开放给应用程序和服务，帮助获得基于位置的兴趣点、商业信息以及业务消费习惯等用户信息。

4k 高清视频、视频直播及 VR 等对网络时延要求很高的业务场景。在这种业务应用中，MEC 服务器和各业务系统可进行实时交互，能获取视频业务中的热点内容并在本地缓存，MEC 服务器对网络中的实时数据进行深度的解析，并和本地缓存内容进行详细对比，如果申请访问内容已在本地缓存中，则直接将缓存内容及时推送给申请用户，网络中的热点内容可以根据用户访问情况进行动态实时更新。这样，一方面可以有效降低内容访问时延，缓解网络压力；另一方面可以依托对内容的定向缓存，显著提升用户的业务体验，挖掘基于视频内容的增值价值。

对于如视频教学系统、各种论坛、邮件、FTP 等在本地频繁访问的业务系统，用户如果访问的是非内部网络内容，MEC 服务器通过详细地解析，可识别为非本地业务，则直接将业务转发至核心网，进行业务的访问。

用户如果访问的是本地业务，MEC 服务器通过深度的包解析，可识别为本地业务，则将业务转发至本地网络，进入相应的内容和应用服务器访问。这样避免通过外部互联网访问本地内容的路由迂回，能有效降低用户访问业务的时延，提升用户的业务体验，能有效缓解传输网和核心网的压力。

对于室内多样化业务的应用场景，比如飞机场、规模较大的商住区、大型的场馆、地铁及高铁等这些场景下不同的用户业务需求也不同，面向所有用户的各类业务需求，可以部署 LTE 小站加 MEC 服务器，将应用、服务和内容下沉至无线接入网，拉近应用、服务和内容与用户之间的距离，有效降低无线接入网到核心网的传输带宽压力，使得室内的业务交互可以更直接、更高效、更优质，从而为用户提供高品质业务体验，提高室内网络投资收益。

随着云计算技术的快速发展、完善成熟及在数据中心的应用，运营商及各大互联网企业的云数据中心快速建成并投入使用，由于云计算具有能有效降低成本、保证数据安全、业务部署快速灵活等特点，越来越多的政府、企业将各类应用向云数据中心迁移，云数据中心新的应用不断地涌现，同时在云端部署应用，它的局限性也慢慢地暴露出来，业务部署在云数据中心，给用户到数据中心之间的传输网造成很大的压力，业务高峰期时，用户的业务体验极差，有时甚至无法访问相应的应用，如果在各大云数据中心引入 MEC 技术，将传统的无线基站升级为智能化基站，把云数据中心的计算、网络及存储等弹性资源从核心网下沉到分布式基站，在靠近用户的无线网络侧增加计算、网络及存储等资源处理等能力，如图 3-20 所示，将能有效降低用户访问业务时的延迟，缓解云数据中心传输网和核心网的压力，MEC 边缘计算和云计算技术相互协同，将能有效地提升云数据中心的业务体验。

由于 MEC 服务器获取网络侧和用户的信令、位置等海量数据信息，可以和大数据系统进行对接，作为大数据系统的无线数据输入源之一，为大数据运营提供准确的用户位置信息、信令交互等大量有价值的数据。

目前，MEC 正逐步从实验室研究阶段走向现网实验阶段，随着系统架构、API 接口、商业模式、所承载的应用等进一步完善，以后必将在现网部署商用上进一步提升 4G 甚至 5G 无线网络的业务应用体验，有效带动无线网络的价值增值。

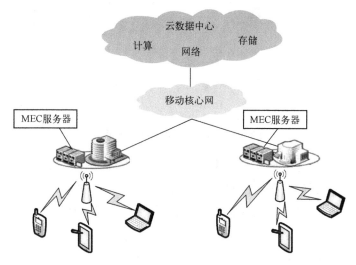

图 3-20　云数据中心引入 MEC 技术架构

3.3.4　D2D 通信

随着智能终端的快速普及以及网络通信容量的爆炸式增长，面向 5G 的无线通信技术的演进需求也更加明确及迫切。在面向 5G 的无线通信技术的演进中，一方面，传统的无线通信性能指标（如网络容量、频谱效率等）需要持续提升以进一步提高有限且日益紧张的无线频谱利用率；另一方面，更丰富的通信模式以及由此带来的终端用户体验的提升以及蜂窝通信应用的扩展也是一个需要考虑的演进方向。D2D 技术作为面向 5G 的关键技术，具有潜在的提高系统性能、提升用户体验、扩展蜂窝通信应用的前景，受到广泛关注。

1. D2D 关键技术概述

设备到设备（Device to Device，D2D）技术是指通信网络中近邻设备之间直接交换信息的技术。如图 3-21 所示，通信系统或网络中，一旦 D2D 通信链路建立起来，传输数据就无需核心设备或中间设备的干预，这样可降低通信系统核心网络的数据压力，大大提升频谱利用率和吞吐量，扩大网络容量，保证通信网络能更为灵活、智能、高效地运行，为大规模网络的零延迟通信、移动终端的海量接入及大数据传输开辟新的途径。

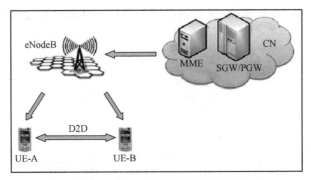

图 3-21　D2D 通信的基本原理模型

在 D2D 通信模式下，近邻用户设备不再通过基站中继通信，而直接进行 UE 间的连接与通信。在异构网络中，将同时存在传统的 UE-BS 连接与 D2D 连接，同时涵盖本地广播通信、车联网等领域。此外，D2D 通信还包括 D2D 本地网，D2D 涵盖范围十分广泛，所涉及的科学技术问题也繁杂多样，其中的关键科技问题包括 D2D 设备发现、资源分配、D2D 缓存网络、边缘计算和 D2D-MIMO 等多种通信网络与通信过程。

D2D 发现技术用于实现邻近 D2D 终端的检测及识别。对于多跳 D2D 网络，需要与路由技术结合考虑；同时考虑满足 5G 特定场景的需求如超密集网络中的高效发现技术、车联网场景中的超低时延需求等。在一些特定场景如覆盖外场景或者多跳 D2D 网络会对保持系统的同步特性带来比较大的挑战，D2D 同步技术也是 D2D 技术商用的关键。5G D2D 可能会包括广播、组播、单播等各种通信模式，以及多跳、中继等应用场景，因此调度及无线资源管理问题相对于传统蜂窝网络会有较大不同，也会更复杂。相比传统的点对点（Peer-to-Peer，P2P）技术，基于蜂窝网络的 D2D 通信的一个主要优势在于干扰可控。不过，蜂窝网络中的 D2D 技术势必会对蜂窝通信带来额外干扰。并且，在 5G 网络 D2D 中，考虑到多跳、非授权 LTE 频段（LTE-U）的应用、高频通信等特性，功率控制及干扰协调问题的研究会非常关键。对终端而言，还需考虑 D2D 通信与普通蜂窝通信模式切换。包括 D2D 模式与蜂窝模式的切换、基于蜂窝网络 D2D 与其他 P2P（如 WLAN）通信模式的切换、授权频谱 D2D 通信与 LTE-U D2D 通信的切换等。先进的模式切换能够最大化无线通信系统的性能。

2. D2D 技术优势概述

相比普通蜂窝通信，D2D 通信具有提高频谱效率、提升用户体验、扩展通信应用、延伸网络覆盖等优势。

在 D2D 通信模式下，用户数据直接在终端之间传输，避免了蜂窝通信中用户数据经过网络中转传输，由此产生链路增益；其次，D2D 用户之间以及 D2D 与蜂窝之间的资源可以复用，由此可产生资源复用增益；通过链路增益和资源复用增益则可提高无线频谱资源的效率，进而提高网络吞吐量。

随着移动通信服务和技术的发展，具有邻近特性的用户间近距离的数据共享、小范围的社交和商业活动以及面向本地特定用户的特定业务，都在成为当前及下阶段无线平台中一个不可忽视的增长点。基于邻近用户感知的 D2D 技术的引入，有望提升上述业务模式下的用户体验。

传统无线通信网络对通信基础设施的要求较高，核心网设施或接入网设备的损坏都可能导致通信系统的瘫痪。D2D 通信的引入使得蜂窝通信终端建立 Ad Hoc（自组织）网络成为可能。当无线通信基础设施损坏，或者在无线网络的覆盖盲区，终端可借助 D2D 实现端到端通信甚至接入蜂窝网络，无线通信的应用场景得到进一步的扩展。

3. D2D 潜在应用场景

结合当前无线通信的发展趋势，5G 网络中可考虑的 D2D 通信的主要应用场景包括本地业务、应急通信、物联网增强等，D2D 通信的引入，将对这些场景的发展产生革命性影响。

（1）本地业务

本地业务（Local Service）一般可以理解为用户面的业务数据不经过网络侧（如核心网）而直接在本地传输。

1）本地业务的一个典型用例是社交应用，基于邻近特性的社交应用可看作 D2D 技术最基本的应用场景。例如，用户通过 D2D 的发现功能寻找邻近区域的感兴趣用户；通过 D2D 通信功能，可以进行邻近用户之间数据的传输，如内容分享、互动游戏等。

2）本地业务的另一个基础的应用场景是本地数据传输。本地数据传输利用 D2D 的邻近特性及数据直通特性，在节省频谱资源的同时扩展移动通信应用场景，为运营商带来新的业务增长点。例如，基于邻近特性的本地广告服务可以精确定位目标用户，使得广告效益最大化，进入商场或位于商户附近的用户，即可接收到商户发送的商品广告、打折促销等信息；电影院可向位于其附近的用户推送影院排片计划、新片预告等信息。

3）本地业务还有一个应用是蜂窝网络流量卸载。在高清视频等媒体业务日益普及的情况下，其大流量特性也给运营商核心网和频谱资源带来巨大压力。基于D2D的本地媒体业务利用D2D通信的本地特性，节省运营商的核心网及频谱资源。例如，在热点区域，运营商或内容提供商可以部署媒体服务器，时下热门媒体业务可存储在媒体服务器中，而媒体服务器则以D2D模式向有业务需求的用户提供媒体业务。或者，用户可借助D2D从邻近的已获得媒体业务的用户终端处获得该媒体内容，以此缓解运营商蜂窝网络的下行传输压力。另外，近距离用户之间的蜂窝通信也可以切换到D2D通信模式以实现对蜂窝网络流量的卸载。

（2）应急通信

当极端的自然灾害（如地震）发生时，传统通信网络基础设施往往也会受损，甚至发生网络瘫痪，给救援工作带来很大障碍。D2D通信的引入有可能解决这个问题。如通信网络基础设施被破坏，终端之间仍然能够基于D2D连接建立无线通信网络，即基于多跳D2D组建网络，保证终端之间无线通信的畅通，为灾难救援提供保障。另外，受地形、建筑物等因素的影响，无线通信网络往往会存在盲点。通过一跳或多跳D2D，位于覆盖盲区的用户可以连接到位于网络覆盖内的用户终端，借助该用户终端连接到无线通信网络。

（3）物联网增强

移动通信的发展目标之一，是建立一个包括各类型终端的广泛的互联互通网络，这也是当前在蜂窝通信框架内发展物联网的出发点之一。根据业界预测，在2020年时，全球范围内将会存在大约500亿部蜂窝接入终端，而其中的大部分将是具有物联网特征的机器通信终端。如果D2D技术与物联网结合，则有可能产生真正意义上的互联互通无线通信网络。

针对物联网增强的D2D通信的典型场景之一是车联网中的车辆到车辆（Vehicle-to-Vehicle，V2V）通信。例如，在高速行车时，车辆的变道、减速等操作动作，可通过D2D通信的方式发出预警，车辆周围的其他车辆基于接收到的预警对驾驶员提出警示，甚至紧急情况下对车辆进行自主操控，以缩短行车中面临紧急状况时驾驶员的反应时间，降低交通事故发生率。另外，通过D2D发现技术，车辆可更可靠地发现和识别其附近的特定车辆，比如经过路口时的具有潜在危险的车辆、具有特定性质的需要特别关注的车辆（如载有危险品的车辆、校车）等。基于D2D的车联网应用示意如图3-22所示。

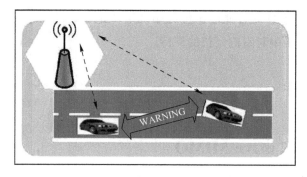

图 3-22　基于 D2D 的车联网应用示意图

基于终端直通的 D2D 由于在通信时延、邻近发现等方面的特性，使得其应用于车联网车辆安全领域具有先天优势。

在万物互联的 5G 网络中，由于存在大量的物联网通信终端，网络的接入负荷成为严峻问题之一。基于 D2D 的网络接入有望解决这个问题。比如在巨量终端场景中，大量存在的低成本终端不是直接接入基站，而是通过 D2D 方式接入邻近的特殊终端，通过该特殊终端建立与蜂窝网络的连接。如果多个特殊终端在空间上具有一定隔离度，则用于低成本终端接入的无线资源可以在多个特殊终端间重用，不但缓解基站的接入压力，而且能够提高频谱效率。并且，相比于目前 4G 网络中小小区（Small Cell）架构，这种基于 D2D 的接入方式更灵活且成本更低。

比如在智能家居应用中，可以由一台智能终端充当特殊终端；具有无线通信能力的家居设施如家电等均以 D2D 方式接入该智能终端，而该智能终端则以传统蜂窝通信的方式接入基站。基于蜂窝网络的 D2D 通信的实现，有可能为智能家居行业的产业化发展带来实质突破。

5G D2D 应用还包括多用户 MIMO 增强、协作中继、虚拟 MIMO 等潜在场景。比如，传统多用户 MIMO 技术中，基站基于终端各自的信道反馈，确定预编码权值以构造零陷，消除多用户之间的干扰。引入 D2D 后，配对的多用户之间可以直接交互信道状态信息，使得终端能够向基站反馈联合的信道状态信息，提高多用户 MIMO 的性能。

另外，D2D 可协助解决新的无线通信场景的问题及需求。比如在室内定位领域。当终端位于室内时，通常无法获得卫星信号，因此传统基于卫星定位的方式将无法工作。基于 D2D 的室内定位可以通过预部署的已知位置信息

的终端或者位于室外的普通已定位终端确定待定位终端的位置，通过较低的成本实现5G网络中对室内定位的支持。

3.4　新特性

3.4.1　Massive MIMO

Massive MIMO（又称大规模MIMO）技术是指在基站覆盖区域内配置大规模天线阵列（天线数位数十甚至数百）并集中放置，同时服务分布在基站覆盖区内的多个用户。在同一时频资源上，利用基站大规模天线配置所提供的垂直维与水平维的空间自由度，提升多用户空分复用能力、波束成形能力以及抑制干扰的能力，大幅提高系统频谱资源的整体利用率。同时，大规模天线阵列的使用，显著提升阵列增益，从而有效降低发射端功率消耗，使系统功率效率也进一步显著提升。相比普通MIMO，Massive MIMO技术优势主要包括下行波束赋形、下行覆盖提升、空分复用、多流传输，以及上行多天线接收、多流传输、空分复用等。

下行波束赋形指发射信号经过加权后，形成了指向UE的窄带波束。如图3-23所示，5G和Sub-6G多天线下行各信道默认支持波束赋形，可以形成更窄的波束，精准地指向用户，提升覆盖性能；同时其窄波束特征也可有效降低小区间干扰。Massive MIMO天线波束又可细分为静态波束和动态波束，SS Block及PDCCH中小区级数据、CSI-RS采用小区级静态波束，采用窄波束轮询扫描覆盖整个小区的机制，选择合适的时频资源发送窄波束，可以根据不同场景配置不同的广播波束，以匹配多种多样的覆盖场景；PDSCH采用用户级动态波束，根据用户的信道环境实时赋形。

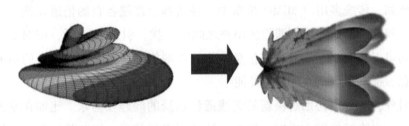

图3-23　传统天线与Massive MIMO天线方向图对比

与传统 MIMO 相比，Massive MIMO 不同之处主要在于，当天线趋于很多（无穷）时，信道之间趋于正交，更易形成良好的波束赋形。如图 3-24 所示，传统 3/4G 站点由于天线数较少（4/8 天线），波束成形效果较差，难以保证空间传输信道的正交性，Massive MIMO 依托大规模天线阵列，可有效抑制复用多用户间干扰，提高多流传输能力。

图 3-24　天线增列提升提升了波束赋形能力

相比传统 BF 只能在水平维度开展，Massive MIMO 可同时在垂直维与水平维波束进一步提升覆盖，如图 3-25 所示。

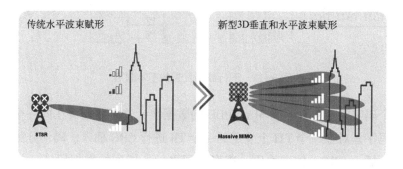

图 3-25　3D MIMO 覆盖提升

单用户多流传输指通过多天线技术支持单用户在支持多流数据传输。以下行多流传输为例，单用户最大下行数据流数取决于 gNodeB 发射天线数和 UE 接收天线数中的相对较小值。如图 3-26 所示，单用户下行多流，在 gNodeB 64T64R 的情况下，2T4R 的 UE 下行最大可同时支持 4 流的数据传输。

当然，单用户数据下行最大流数也并非一定能达到 gNodeB 发射天线数和 UE 接收天线数中的相对较小值，还需进一步基于码字、层映射、端口映射等多维度进一步评估。下行数据发送的基本过程，如图 3-27 所示，下行数据先

图 3-26　单用户下行多流示例

后经过码字、层映射、端口映射、BF 加权等过程后，最终才形成多流的空间
波束。

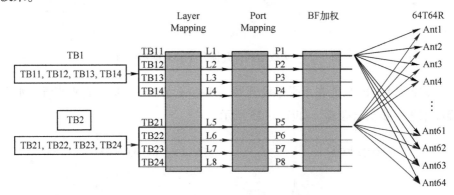

图 3-27　下行数据发送的基本过程

　　一个码字对应包含一个 MAC PDU 的数据块，这个数据块在同一个 TTI 内
发送。码字是对在一个 TTI 上发送的一个 TB 进行 CRC 插入、码块分割，并为
每个码块插入 CRC、信道编码、速率匹配之后，得到的数据码流；单个码字
通过层映射可以映射到多个流上，实现数据流从串行到并行的变换，因此层
数越多，速率就会越高；每一层都需要对应到一个独立逻辑端口中，每个端
口号上有自己独立的 DMRS 信号，供 UE 解调出各个端口上的信号；各流上的
数据通过 BF 加权后，映射到 64 根天线上发送，在权值的作用下（改变信号
的幅度和相位），各天线上的信号将会进行赋形，集中打向 UE。

　　Massive 还支持下行多用户空分复用，如图 3-28 所示，下行 MU 空分复用
是指 gNodeB 在同一份视频域资源上给两个或以上 UE 发送数据，获得空间复
用增益，提高频谱利用率和下行吞吐量。特别是在重载场景下，能够缓解网
络负载，提高用户感受。多用户空分复用需要挑选用户配对，选择空间波束

隔离较大、相关性较低的用户可以配对；然后再基于 RBG 粒度，相关性小的待调度用户和已调度用户进行相关性配对。

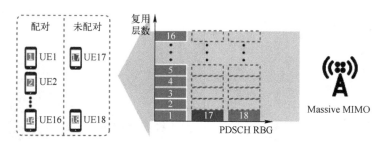

图 3-28　下行多用户空分复用示意图

在上行，Massive MIMO 除了能提供和下行类似的多流传输和多用户空间复用以外，还具备上行联合接收增益。收益于大规模天线阵列，Massive MIMO 可对信号进行联合接收解调或发送处理，相比于传统多天线技术，Massive MIMO 有更高的分集、阵列等增益。

分集增益指利用空间信道衰落的独立性，eNodeB 多天线同时发送相同数据，减少衰落信道下信干噪比的波动带来的性能损失。如图 3-29 所示，阵列增益利用无相关性的白噪声在合并后会相互抵消，而有效载波信号在叠加后能量增强的特性，在天线阵列接收时可以提高接收端 SINR，从而有效改善用户体验。对于多发单收系统，理论上相对单发单收系统可获得的阵列增益为 $10\lg N\mathrm{dB}$，N 为天线数。

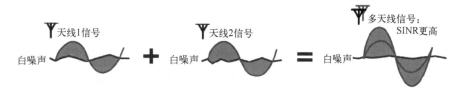

图 3-29　Massive MIMO 多天线技术的阵列增益

Massive MIMO 因其优越的覆盖和容量性能，广泛适用于高流量、高楼层、高干扰、上行受限等场景。

在密集城区、中心商业区、广场、体育馆等高流量场景，如图 3-30 所示，在小范围区域内存在大量用户，对上下行容量需求极高。Massive MIMO 特性能有效抑制干扰，并支持多用户配对的 MU-MIMO，从而显著提升小区吞

吐率，解决热点区域容量诉求。

图 3-30　高流量典型场景

在无室分的高价值楼宇，如图 3-31 所示，普通宏站难以覆盖中高层区域，Massive MIMO 特有的 3D 波束赋形能力，可有效提升垂直维度及室内深度覆盖。

图 3-31　高价值楼宇典型场景

在高干扰场景，当小区上行干扰噪声平均值大于$-105\,dBm/RB$ 时，普通宏站的各项关键 KPI 急剧下降，覆盖半径收缩，上行用户业务体验下降明显，如图 3-32 所示。Massive MIMO 具有多天线接收技术与 IRC 抗干扰技术，能有效抑制干扰。

由于 TDD 上行子帧配置少，上行高负荷时容易导致上行受限，尤其对于大事件场景，如体育场、演唱会等，如图 3-33 所示。MM 发挥上行分集增益和空分优势，有效提升上行频谱效率。

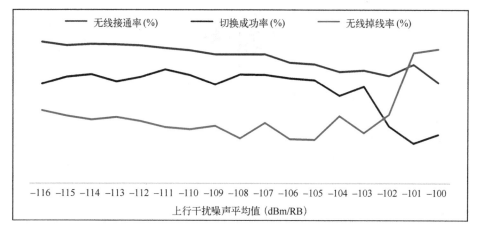

图 3-32　干扰对关键 KPI 的影响

图 3-33　大事件场景

3.4.2　网络灵活切片

5G 网络切片的概念具有丰富的特征，一般认为网络切片是面向租户，满足差异化 SLA，可独立生命周期管理的虚拟网络，是面向特定的业务需求，满足差异化 SLA（Service Level Agreement），自动化按需构建相互隔离的网络实例。

5G 网络切片具备"端到端网络保障 SLA、业务隔离、网络功能按需定制、自动化"的典型特征，如图 3-34 所示。

（1）端到端 SLA 保障，5G 网络切片由核心网、无线、传输等多个子域构成，网络切片的 SLA 由多个子域组成的端到端网络保障。网络切片实现多域之间的协同。包括网络需求分解、SLA 分解、部署与组网协同等。

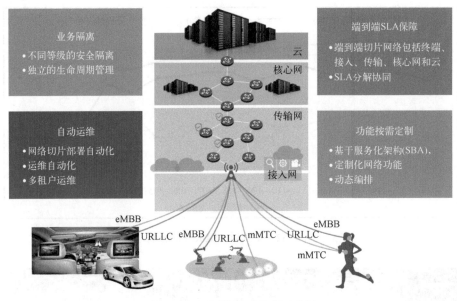

图 3-34　5G 网络切片的典型特征

（2）业务隔离，网络切片为不同的应用构建不同的网络实体。逻辑上相互隔离的专用网络确保不同的切片之间业务不会相互干扰。

（3）功能按需定制、动态编排，5G 网络将基于服务化的架构，同时软件架构也将进行服务化重构，以此形成网络可编排的能力。面向不同行业多样化的网络需求，5G 网络可以提供按需编排的能力，为每个应用提供不同的网络能力。同时，5G 网络分布式特点可以根据不同的业务需求部署在不同的位置，来满足不同业务时延的要求。

（4）自动运维、多租户运维、自动化是网络发展的目标。相对于传统网络一张大网满足所有要求，5G 通过切片技术将一张网裂变成多张网，理论上5G 的繁荣必然会带来运维难度大幅增加，因此自动化是 5G 网络必然要具备的一个特征。

从节奏上来说，一次性地实现全自动化非常困难。通过分割网络切片生命周期中各个环节的操作，允许工作流中的每个环节都支持人工、半自动或者全自动的方式进行处理，伴随着用户网络规划能力的发展，以及网络的扁平化、简单化，最终达成自动化。网络切片允许向特定租户提供定制化的网络服务，租户对网络具备一定的操作管理能力。租户运维人员所具备的知识与能力模型与传统运营商运维人员不同，需要面向租户的运维人员提供易观察、易操作、易管控的运维界面，实现租户的"自助服务"。

网络切片是端到端的，包含多个子域，并且涉及管理面、控制面和用户面，其端到端架构，如图3-35所示。

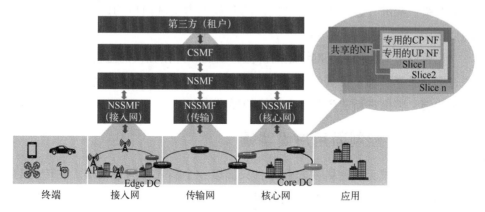

图 3-35　网络切片端到端架构

端到端切片生命周期管理架构主要包括以下几个关键部件。

（1）CSMF（Communication Service Management Function）切片设计的入口。承接业务系统的需求，转化为端到端网络切片需求，并传递到 NSMF 进行网络设计。

（2）NSMF（Network Slice Management Function）负责端到端的切片管理与设计。得到端到端网络切片需求后，产生一个切片的实例，根据各子域/子网的能力，进行分解和组合，将对子域/子网的部署需求传递到 NSSMF。同时，在网络切片生命周期过程中，需要协同核心网，传输和无线等多个子域/子网。

（3）NSSMF（Network Slice Subnet Management Function）负责子域/子网的切片管理与设计。核心网、传输和无线有各自的 NSSMF。

NSSMF 将子域/子网的能力上报给 NSMF，得到 NSMF 的分解部署需求后，实现子域/子网内的自治部署和使能，并在运行过程中对子域/子网的切片网络进行管理和监控。通过 CSMF、NSMF 和 NSSMF 的分解与协同，完成端到端切片网络的设计和实例化部署。

通过 5G 切片可以为终端用户、租户和运营商带来以下价值。

终端用户通过端到端切片网络的端管云协同提供的可保证的 SLA，获得

最佳的业务体验。

租户通过资源共享可以降低网络使用成本，通过隔离技术和按需部署可以实现端到端可保障的网络 SLA，通过按需功能定制可以加快业务需求和业务的升级、演进，通过切片网络提供的开放能力实现简单的运维和网络能力的使用。

运营商最大化网络基础设施的价值，使能和开拓庞大的垂直行业用户群；通过资源共享、动态部署实现高效、快速建网，同时，业务上线和业务创新更加快捷，将促进新的产业生态环境的形成。

3.4.3 控制面用户面解耦

终端在传统无线网络发起业务，只能以一个制式与网络相接。在传统的网络演进过程中，新网连续覆盖是保证网络性能的一个关键性指标。连续覆盖意味着大量的 CAPEX 投资，长期的网络基础建设。在云化技术的支持下，5G 网络的用户面和控制面解耦可以实现不同制式网络的同时连接，与业务会话相关的控制面的信令承载在传统已经实现连续覆盖的网络上，数据面调度则在有 5G 网络覆盖区域调度高速数据承载在 5G 网络上，没有 5G 覆盖区域承载在传统网络上。这样 5G 网络完全可以按需部署，而不需要考虑连续覆盖问题。

以 Option 3x 场景为例，在 NSA 组网中，存在 5G gNB 与 4G 核心网 EPC 的 S1-U 的用户面接口，如图 3-36 所示。

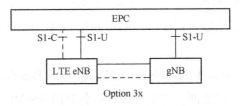

图 3-36 5G 与 4G 核心网的 S1-U 接口

3GPP 明确提出 NG 接口需要支持用户面和控制面的分离。与 SDN 理念保持一致，分离后的 RAN 系统功能实体分解更细致，便于虚拟化；而且集中化的 CP 功能可以获得更好的网络性能；可以更好地支持各种网络技术、资源和新业务需求。独立的用户面和控制面便于更好的各自演进，甚至可以多厂商互连。这一点与核心网的 CUPS 引入是同样的目标，基于 LocalRRM 的 CUCP

和 UP 分离协议栈，如图 3-37 所示。

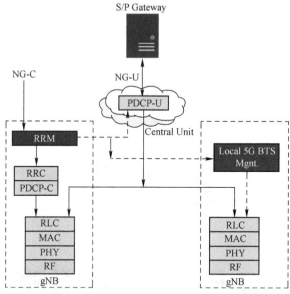

图 3-37   基于 LocalRRM 的 CUCP 和 UP 分离的协议栈

第 4 章

5G 网络部署策略

4.1 4G 网络 5G 化

4.1.1 4G 网络 5G 化的目标

4G 网络 5G 化的目标是面向 5G 布局未来演进,打造移动持续领先能力,4G 网络 5G 化,实现 4G 网络覆盖提升 10dB,容量提升 5 倍,如图 4-1 所示。

图 4-1　4G 网络 5G 化

4.1.2 4G 网络 5G 化可行性分析

从网络架构、关键技术、基础硬件三方面来看,4G 网络架构面向 5G 改造建设准备、5G 技术先行用于 4G 网络提升性能、4G 硬件就绪支持 5G 平滑演进,使得 4G 网络 5G 化已成为面向 5G 的一个最优低成本的 4G 网络演进方式。

1. CRAN 架构集中化、超密组网完成 5G 架构"准备"

通过超密组网的建设,以及 CRAN 架构集中化这一理念的技术实施,很好地应对广大用户当前快速增长的网络需求,并储备未来 5G 所需的超密组网的站址资源,完成应对 5G 到来所需要的架构方面的准备。

4G CRAN 改造,提前实现 BBU 集中化,把架构集中化的理念,应用到网络建设中。通过将各个站点的 BBU 集中堆叠,利用高速低时延交换设备互联,BBU 簇内资源统一协调管理、站间干扰协同处理,有效降低密集小区间

干扰，不同基站的小区之间建立业务协同关系，提升网络性能，改善用户体验，预埋 5G CloudRAN 集中化架构的同时降低运营成本。

新建 4G 基站可优先选择集中 BBU，拉远 RRU 组网模式。现有基站，在条件具备时进行改造，将 BBU 迁移至 BBU 集中设置点。CRAN 集中式建设对于节省运营商 CAPEX 和 OPEX 效果明显，如图 4-2 所示。射频拉远逐步成为 CRAN 建设的首选方案。

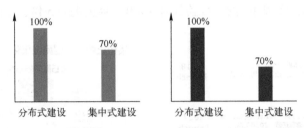

图 4-2　CRAN 集中式建设节省运营商 CAPEX 和 OPEX 比例

未来的 5G 网络，更是以用户为中心的网络。超密组网是 5G 打造以用户中心一致体验网络的基础。伴随着 VoLTE 无感知自动开通，VoLTE 用户将快速增长，对现网容量和网络安全带来挑战。面对挑战，4G 网络通过杆站加密实现 VoLTE 覆盖提升，通过 D MIMO 化加密后的干扰为容量，体验提升 20% ~30%，实现覆盖 & 容量双提升，持续提升 4G 网络能力，如表 4-1 所示；同时提前实践超密组网建设，在构建以用户为中心的网络的同时，储备 5G 超密组网站址资源，为未来 5G 提前打造网络架构的基础。

表 4-1　同场景下杆站加密及 D MIMO 体验效果预估

场　　景	DL 平均体验提升预估	DL 边缘体验提升预估
宏宏	8%~20%	15%~30%
宏微	13%~20%	20%~30%
室外微微	20%~30%	25%~50%
室内微微	5%~10%	25%~40%

2. 识别可以提前用于 4G 网络的 5G 关键技术，实现 5G 技术 4G "先行"

技术层面的变革撑起业务的数字化转型。通过 5G 技术 4G "先行"，可以继续推进 4G 高清语音能力，有效提升现有网络用户感知；同时释放频谱资源，助力 5G 频谱战略布局，推动未来业务向 5G 的平滑演进。

5G 关键技术 Massive MIMO。5G 关键技术时间表如图 4-3 所示，3D-MIMO 已于 2017 年首商用，2018 年性能增强。3D MIMO 是采用类似相控阵雷达技术，通过更为精准的波束赋形能力与多用户复用系统多流能力，实现频谱效率的大幅提升。其针对网络中高容量、高层覆盖、高干扰、上行能力提升等场景都有很好的效果，是目前在 5G 技术 4G 化探索过程中一项关键技术。更为重要的是，借助 3D MIMO 强劲的波束赋形能力，可大幅增强用户在网络边缘的体验能力，从而助力用户随时随地高清视频体验，是实现"体验 5G 化"的一种重要组成部分。

图 4-3　5G 关键技术时间表

5G 关键技术 UCNC。D-MIMO 即分布式 MIMO 是 5G 网络 UCN（User Centric Network）建网思路中一项关键技术，将分布存在的空口无线通道通过基带进行协同，在物理层实现多通道的能力整合，将原来基站间的干扰变为基站内的有用信号。如图 4-4 所示，对于当前移动越来越复杂的 4G 网络，一方面，D-MIMO 可以有效提升网络抗干扰能力，另一方面，分布式 MIMO 可以进一步借助多通道能力获取用户体验及网络容量增益，向 UCNC 网络平滑演进。

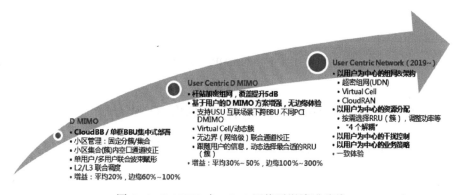

图 4-4　D MIMO 向 UCNC 网络平滑演进路线

3. 硬件"就绪" AAU、BBU 等硬件就绪，支持 5G 平滑演进

3D-MIMO 采用 BBU+AAU 松耦合方案，在 RRU/AAU/天面引入更多的天线阵列，通过波束赋形，实现多流，进一步提升频谱效率，扩大网络容量，增加网络覆盖深度。由于 5G NR 同样将 Massive MIMO 作为核心技术，在当前阶段部署的 3D MIMO 基站，其天面设备可以平滑演进到 5G NR，无需任何二次改造，以最快速度/最低成本实现到 5G 网络的演进，在 5G 时代保持网络的先进性和竞争力。

CloudAIR 方案包括频谱共享、功率共享和通道共享三部分，旨在以云化的理念重造空口，实现空口资源的高效、按需和敏捷，最大化利用硬件能力，更灵活地进行网络部署以及提供更好的用户体验，如图 4-5 所示。CloudAIR 可以实现 LTE 和 5G NR 的频谱共享，提升存量频谱利用率的同时保证传统业务的体验，使得从 4G 走向 5G 的演进更加平滑，可以在现有频段上快速实现 5G 全面覆盖。

频谱共享
- LTE&5G频谱共享
  - 加速5G部署
  - 提升存量频谱利用率

通道共享
- 天线和逻辑信道共享
  - Cell Centric->User Centric
  - 上下行解耦，提升高频段覆盖和容量

功率共享
- 按需发送功率和功率共享
  - 动态功率共享，提升覆盖和系统容量
  - 按需发送功率，降低能耗

图 4-5　CloudAIR 三大特性

4.1.3　4G 网络 5G 化应用方案探索

为实现 5G 的愿景和需求，在网络架构、关键技术和硬件方面都需要有新的突破。围绕这三个方向需要充分探索 4G 网络 5G 化的技术演进方案。

1. "集中化" 组网方案探索

面对架构集中和超密组网的需求，Cloud BB 方案如图 4-6 所示，基于全光纤连接的基带处理资源集中部署，实现无线接入网络层的云化组网，提供基带处理资源在小区间、站点间的快速统一调度。通过将各个站点的 BBU 集中堆叠，利用高速低时延交换设备互联，BBU 簇内资源统一协调管理、站间干扰协同处理，有效降低密集小区间干扰，大幅提升小区边缘速率，达到低干扰、高速率、大带宽和低时延的目标，实现 4G 向 5G 技术标准的迈进。

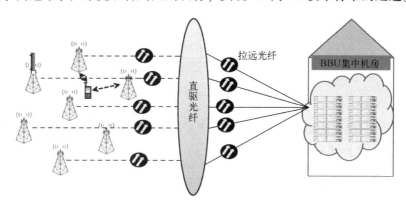

图 4-6　集中化组网方案图

Cloud BB 解决方案可以同时提升上行和下行网络性能。上行方面，该方案通过跨站上行联合接收，降低不同终端间的上行干扰，提升容量最高可达50%，边缘速率提升最高可达 200%；下行方面，Cloud BB 通过高速交互处理与集中协同调度，性能增益最高可达 50%，边缘用户下行增益最高可达220%。在光纤资源丰富的区域，多站点基带集中部署，不仅可以节省无线设备 TCO 约 30%，网络性能也得到大幅提升。

选取高校场景 10 个站点进行试点部署，共计 10 个 BBU，23 个基带板，86 个小区。部署方案如图 4-7 中所示，采用 USU 二级级联配置，每个一级USU 下挂 5 个 BBU。协同数据由 BBU 的基带板直接出线连接到 USU 设备。5个在该建筑大学北门机房，另外 5 个处于其他机房的 BB 需要搬迁集中到北门机房。

C-RAN 时钟配置方案采用双路时钟共享 & 备份。两路 GPS 分别接在两个一级 USU 上，形成备份。单路网元存在告警时，备份时钟可共享，不受影响。CRAN 内 10 个 BBU 通过时钟共享从 USU 上获取 GPS 时钟。

C-RAN 部署后，接通率、E-RAB QCI2 建立成功率、E-RAB QCI5 建立成功率和 VOLTE 用户 ENB 内切换成功率等基础指标整体变化平稳。

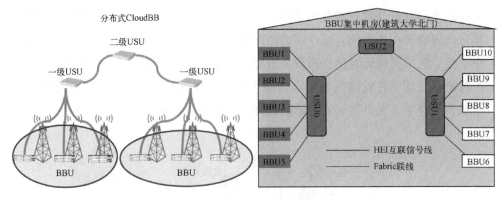

图 4-7　分布式 Cloud BB 架构部署

基于 C-RAN 的站间载波聚合支持 BAND 内以及跨 BAND 聚合，据图 4-8 测试结果，其性能已接近站内载波聚合。

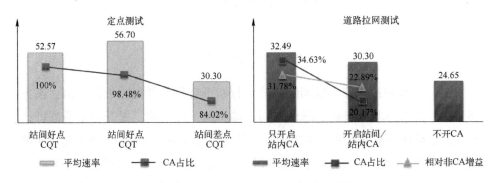

图 4-8　基于 C-RAN 的站间载波聚合性能增益

在站内 COMP 特性基础上开启站间 COMP 特性，包含上行 COMP 以及下行 COMP。根据图 4-9 所示测试结果，开启后用户感知均有提升。

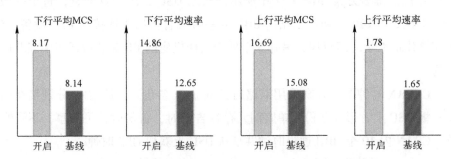

图 4-9　站内 COMP 特性基础上开启站间 COMP 特性增益

2. "先行性"技术方案探索

3D-MIMO 是 4G+ 和 5G 的关键技术之一，通过使用类似雷达的大规模二维天线阵列，不仅天线端口数较多，而且可以在水平和垂直维度灵活调整波束方向，形成更窄、更精确的指向性波束，从而极大地提升终端接收信号能量，增强小区覆盖。同时，3D-MIMO 可充分利用垂直和水平维度的天线自由度，同时同频服务更多的用户，极大地提升系统容量，还可通过多个小区垂直维波束方向的协调，起到降低小区间干扰的目的。

如图 4-10 所示，无论是在提升接收和发送的效率、多用户 MIMO 的配对用户数，还是在降低小区间的干扰方面，相对于传统天线，3D-MIMO 都有更好的性能，是 5G 提升频谱效率的最核心技术。

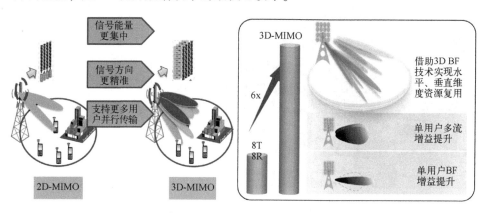

图 4-10　3D-MIMO 特性示意图

对于深度覆盖不足或者容量需求较大的场景，如果无法建设室分系统，则 3D-MIMO 是最佳选择，3D-MIMO 在不同场景下应用与优势，如图 4-11 所示。

密集城区场景应用。选取高校铁塔站点，站高约 40 m，与 8T 小区共站址。3D-MIMO 扇区主要覆盖学院的学生宿舍楼、餐厅，忙时 D1 用户 100+，D2 用户 120，属于典型的校园用户密集的大话务场景。应用方案如图 4-12 所示，使用 3D-MIMO 的 D1 频点 1 个载波替换原 8T8R 站点 D1&D2 频点 2 个载波。

3D-MIMO 应用后，3D-MIMO 小区和同方向 D1+D2 小区晚忙时平均用户数增加约 2 倍，上行平均 PRB 利用率和下行平均 PRB 利用率分别降低 22.44 个百分点和 9.27 个百分点。对比 3DMIMO 小区和同方向 D1+D2 小

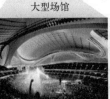

密集城区　　　　　CBD场景　　　　　大型场馆　　　　　高楼场景

16流多用户复用，大幅提升网络容量　　大规模天线阵列SU BF、MU BF、3D MIMO、带来容量提升和高楼覆盖增强　　精确的用户级赋形波束及跟踪，有效的干扰控制　　3D波束赋形，增强高楼深度覆盖，大幅提升边缘体验

图 4-11　3D-MIMO 应用场景及优势

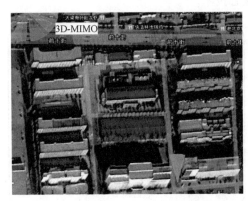
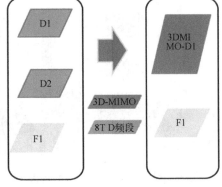

图 4-12　密集城区场景及 3D-MIMO 应用方案示意图

区，晚忙时流量增加约 134%，小区下行频谱效率提升 58.47%，小区上行频谱效率提升 125.49%，CQI 大于等于 7 的比例提升 4.85%。

　　高楼场景应用。3D-MIMO 站点和 8T8R F/D 站点为铁塔站点，站高约 40 m，与 8T 小区共站址，天线覆盖交警支队家属楼，站点距离测试楼水平距离为 120 m 左右，主打方向为 16 层高的楼宇，如图 4-13 所示，属于典型的深度覆盖+立体覆盖场景。

　　高层小区覆盖方面，3D-MIMOD 基站相比 8TF/D 基站可以灵活定制水平和垂直波宽，有效提升高楼场景的覆盖 5~10dB。小区平均用户数方面，3D-MIMO 小区较同方向 D1 小区晚忙时平均用户数增加约 4 倍。在用户增加 7 倍情况下，3D-MIMO 上、下行平均 PRB 利用率保持在 12% 和 35% 以下。3D-MIMO 小区和同方向 D1 小区相比，晚忙时流量增加约 10 倍，小区下行频谱效

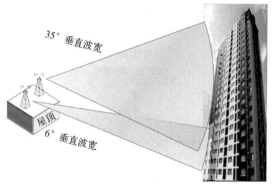

图 4-13　高楼场景及 3D-MIMO 应用方案效果图

率提升 78.28%，小区上行频谱效率提升 6.10%，CQI 大于等于 7 的比例提升 3.80%。

　　总体来说，密集城区和高楼场景下的容量问题和覆盖问题在 3D-MIMO 的引入后都得以有效解决。

3. "AAU+BBU" 松耦合方案探索

　　基于分布式基站架构基础上的 AAU+BBU 松耦合的设备架构方案，一方面，可以发挥 3D-MIMO 天面能力，持续提升网络性能打好基础，确保 3D-MIMO 天面建设的一次到位和功能稳定，减少进站和上塔改造设备的风险；另一方面，AAU+BBU 方案在工程建设，网络维护方面，可以有效继承传统宏站建设的优秀经验，可以重用现网光纤和机房资源，保持网络维护体验一致性；并为未来 CloudBB 集中化部署、5G 的平滑演进完成平台能力的构建。

　　如图 4-14 所示，AAU+BBU 松耦合方案通过更换原站点天面实现安装，AAU 硬件射频设计支持 5G 演进，后续版本升级及能力提升操作均在 BBU 侧进行，无需二次改造。

　　BBU 基于分布式架构，BBU 通过多插卡方式扩容升级更便利，无需登塔等天面操作，同时可以根据性能提升诉求，灵活增补和持续升级基带单板。在站点天面保持不变的情况下，BBU 侧支持协议持续升级满足 5G 需求，即使基带调制方案、多址接入方案发生变化，仍然可以通过基带板升级向 5G 平滑演进。

　　在实际演进部署中，BBU 与 AAU 解耦，仅需一根光纤连接，支持 5G 独

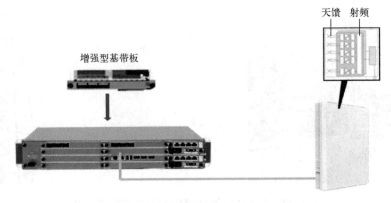

图 4-14　AAU+BBU 松耦合组网方案

立演进, 随着 3D-MIMO 技术先行, 已构建 4G 网络持续向 5G 演进的硬件基础。

4.2　4G 和 5G 融合部署演进

根据 3GPP 讨论的 10 种 5G 和 4G 融合组网架构以及 5G 语音演进方案, 重点研究 5G 网络独立部署和非独立部署方式, 分析各组网架构的优势和劣势, 分析 5G 网络部署的近期、中期、远期部署方案, 提出循序渐进的 5G 网络建设以及语音演进方案。

4.2.1　3GPP 定义多种 4G 和 5G 融合网络部署架构

3GPP 目前正在讨论 4G 与 5G 融合网络部署架构, 按照独立组网和非独立组网划分, 大约有 Option1～Option7 等多种架构, 另外 Option3、Option4 和 Option7 根据双链接的不同, 还有三种变形方式, Option3a/Option3x、Option4a 和 Option7a/Option7x, 目前共有 10 种架构。

Option1 为 LTE 的组网方式, 由 LTE 的核心网和基站组成, 如图 4-15 所示。5G 的组网以此为基础。

Option2 为 5G 网络组网的最终目标, 完全由 gNB 和 NGC 组成, 如图 4-16 所示。如果在 LTE 系统 (Option1) 的基础上演进到 Option2, 需要完全替代 LTE 系统的基站和核心网, 同时需保证覆盖和移动性管理等。部署耗资巨大, 很难短时间内完成。

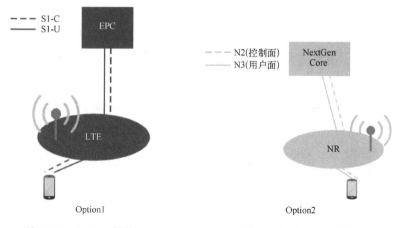

图 4-15 Option1 架构　　　　　　　图 4-16 Option2 架构

Option3 为保持 4G 系统核心网不变，先演进无线接入网，即 eNB 和 gNB 均连接 4G EPC，如图 4-17 所示。先演进无线接入网可以有效降低初期部署成本。Option3 包含 3 种架构，即 Option3、Option3a 和 Option3x。这三种架构以 eNB 为主基站，所有的控制面信令都经由 eNB 转发。LTE eNB 与 NR gNB 采用双链接的形式为用户提供高数据速率服务。此方案可部署在热点区域，增加系统的容量。

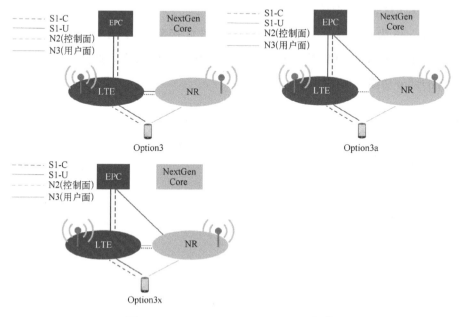

图 4-17 Option3/Option3a/Option3x 架构

Option4 同时引入了 NGC 和 gNB。但是 gNB 没有直接替代 eNB，而是采取兼容的方式部署，如图 4-18 所示。在 Option4 架构中，核心网采用 5G 的 NGC，eNB 和 gNB 均连接至 NGC，以 gNB 为主基站。Option4 也包含两种模式 Option4 和 Option4a。LTE eNB 与 NR gNB 采用双链接的形式为用户提供高数据速率服务。LTE 网络可以保证广覆盖，而 5G 系统可部署在热点区域提高系统容量。

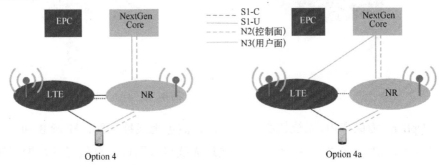

图 4-18　Option4/Option4a 架构

Option5 为"混合架构"，LTE 系统的 eNB 连接至 5G 的核心网 NGC 如图 4-19 所示。首先部署 5G 的核心网 NGC，并在 NGC 中实现 LTE EPC 的功能，然后再逐步部署 5G 无线接入网。

Option6 为另一种"混合架构"，5G gNB 连接至 4G LTE EPC，如图 4-20 所示。先部署 5G 的无线接入网，但暂时采用 4G LTE EPC。此架构会限制 5G 系统的部分功能，如网络切片等。

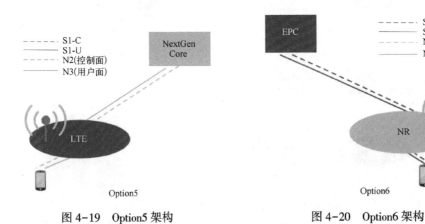

图 4-19　Option5 架构　　　　　图 4-20　Option6 架构

Option7 架构同时部署 5G RAN 和 NGC，但 Option7 以 LTE eNB 为主基站，如图 4-21 所示。所有控制面信令由 eNB 转发，LTE eNB 与 NR gNB 采用双链接的形式为用户提供高数据速率服务。此架构包含 3 种模式：Option7、Option7a 和 Option7x。

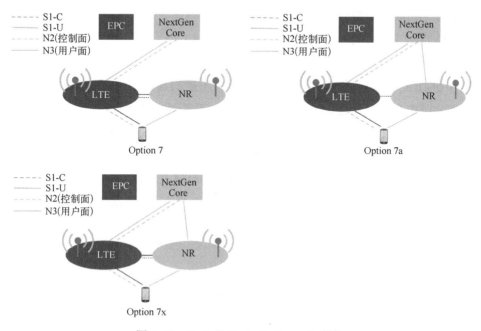

图 4-21　Option7/Option7a/Option7x 架构

协议定义的多种 5G 网络组网架构，根据 5G 控制面锚点不同区分为两大类，独立组网和非独立组网。独立组网（Standalone）是指以 5G NR 作为控制面锚点接入 NGC。非独立组网（Non-Standalone）是指 5G NR 的组网以 LTE eNB 作为控制面锚点接入 EPC 或 NGC。

按照控制面锚点的不同，Option2/Option4/Option4a 的控制面锚点位于 5G NR，属于独立组网；Option3/Option3a/Option3x 和 Option7/Option7a/Option7x 的控制面锚点位于 LTE eNB，属于非独立组网。而 Option1/Option5/Option6 都没有使用双连接结构，Option1/Option5 属于 LTE 的独立组网，但没有接入 5G NR，只能使用原 4G UE，不能使用 5G 新空口，不能支持 5G 业务；Option6 属于 5G NR 独立组网，但使用原 4G EPC，使用 5G UE 却接入 4G 核心网，也不能支持 5G 业务，这三种不是目前主要的讨论架构。

4.2.2 独立组网的 4G 和 5G 融合网络架构分析

独立组网的网络架构主要有 Option2、Option4 和 Option4a 三种，本节将逐一分析这三种架构的特点、优劣势以及适合的网络发展阶段。

1. Option2 架构分析

Option2 建构是将独立的新无线接口（NR）连接到 NGC（下一代核心网）。Option2 架构由于独立于现有的 2G/3G/4G 网络，控制面和用户面都锚定在 5G NR，可以不影响现有的商用网络，不影响现网用户。Option2 架构不需要连续覆盖，可以在试点区域快速部署，不需要对现网进行改造，不需要引入新互操作接口，直接引入 5G 新网元 NR 和 NGC，可以提供 5G 新功能新业务。但是，Option2 架构在网络建设初期不能实现 NR 连续覆盖时，语音业务和切换流程复杂，语音业务回落到现有网络时要求 4G 网络覆盖良好，数据业务边缘也会存在与 4G 网络频繁的互操作，与现有的 4G 网络缺乏负载均衡机制。Option2 架构需要同时部署 NR 和 NGC，网络建设初期需要的投资较大。

2. Option4 和 Option4a 架构分析

Option4/4a 架构融合的锚点在 NR 上，最终融合到 5G 的 NGC 中，是 5G standalone 的一个变化，和 Option2 的主要区别在于 Option4/4a 能够利用大规模现有的 LTE eNB。

Option4 融合的层面在于 4G 无线网络和 5G 无线网络融合，Option4a 是在于 4G 无线网络增加 1A-LIKE 接口与 5G 的 NGC 核心网。如图 4-18 所示，Option4/4a 接口由于采用支持 5G NR 和 LTE 的双连接，带来 4G eLTE 的流量增益，采用新的 5G NR 和 NGC，可以支持 5G 新功能新业务。然而，Option4/4a 架构引入与 4G 的互操作，需要对现网 LTE 进行改造，对现有的 LTE eNB 升级。Option4/4a 架构需要同时部署 5G NR 和 NGC，在网络建设初期需要的投资较大，而且比 Option2 的投资更大，需要与 4G 基站互操作，但带来的优势仅仅是流量增益，在 5G 尚未覆盖的 4G 区域依然不能接入，既增大投资又不能解决 5G 区域外的覆盖问题。

综合以上对 Option2 和 Option4/4a 的架构分析，独立组网需要新建 5G NR 和 NGC，在网络建设初期，如果同样的覆盖范围，Option4/4a 比 Option2 投资更大，也不能解决 5G 区域外的覆盖问题，这种情况下选择 Option2 更合适。在 5G 网络实现连续覆盖后，Option2 可以作为单 5G 最终网络架构存在。

4.2.3 非独立组网的 4G 和 5G 融合网络架构分析

非独立组网的网络架构主要有 Option3/3a/3x 和 Option7/7a/7x 6 种，本节将逐一分析 6 种架构的特性，分析其优势和劣势以及适合的网络发展阶段。

1. Option3/3a/3x 架构分析

Option3 融合的锚点在 4G 无线网，5G 无线网通过 4G LTE 网络融合到 4G 的核心网，Option3a 是在 5G 无线网增加 1A 接口与 4G 核心网融合。

Option3/3a/3x 架构是在原有的 4G 覆盖基础上增加 5G NR 新覆盖，但控制面依然继承原有的 4G，因此对 NR 覆盖没有要求，不需要连续覆盖，在网络建设初期网络投资小，建设速度快，由于有原有的 4G 网络做基础，语音业务连续性有保证，对网络的改动小。Option3 通过 4G 空口接入 4G 核心网，数据分流点在 LTE eNB，大量 5G 流量导入至 4G eNB；Option3a 通过 4G 空口接入 4G 核心网，数据分流点在 LTE EPC；Option3x 通过 4G 空口接入 4G 核心网，数据分流点在 NR gNB；Option3x 与 Option3a 的核心差别在于用户面支持无线侧数据分流，当数据不分流时，Option3x 退化为 Option3a。Option3/3a/3x 架构由于支持 5G NR 和 LTE 的双连接，带来 4G eLTE 的流量增益，但 Option3/3a/3x 架构采用新的 5G NR，没有引入 NGC，不可以支持 5G 新功能新业务，在语音实现方案上，仍继承 4G 现有语音方案即 VoLTE/CSFB。

Option3/3a/3x 架构可以在用户 NR 非连续覆盖时期，与现网 4G 网络深度耦合。继承现有 4G 网络的覆盖，可以在 5G 热点区域之外的 4G 覆盖区域提供 4G 能力，但不可以在 5G 覆盖区域实现全 5G 业务能力，与 Option7/7a/7x 相比较投资较小，可一定程度上满足运营商初期需求。

2. Option7/7a/7x 架构分析

Option7/7a/7x 架构锚点在 4G LTE 上，最终融合到 5G 的 NGC 中。如图 4-21 所示，Option7 融合的锚点在 4G LTE 网络上，5G NR 通过 4G LTE 网络融合到 5G 的 NGC；Option7a 是在于 5G NR 增加用户面接口与 5G 的 NGC 融合。Option7x 在 Option7a 的基础上增加 4G eNB 与 5G NR 的 SI-U 接口，数据分流点在 NR gNB。

Option7/7a/7x 架构也采用支持 5G NR 和 LTE 的双连接，带来 4G 的流量增益。与 Option3/3a/3x 以及 Option4/4a 相比都实现了流量增益，但 Option7/7a/7x 架构采用新的 5G NR，也引入新核心网 NGC，可以支持 5G 新功能新

业务。

Option7/7a/7x 架构可以用于 NR 非连续覆盖时期，既可以在 5G 覆盖区域实现全 5G 业务能力，又与现网 4G 网络深度耦合，继承现有 4G 网络覆盖，在 5G 热点区域之外的 4G 覆盖区域提供 4G 能力，可一定程度上满足运营商中期需求。

4.2.4　5G 语音方案演进路线

5G 语音业务不仅要求在各种制式网络下能够使用话音进行通信，而且还要求能够在不同制式网络覆盖区域下保持话音持续的要求，如 GSM 与 WCDMA 之间的切换，3G 与 4G 之间的 VoLTE SRVCC 等。5G 系统架构设计需满足面向未来的前向兼容基本原则，与现存网络（2G/3G/4G）的迁移和互操作，尤以与 4G 迁移和互操作为重点。因此 5G 系统连续性和互操作的设计上主要是保证在 5G 和 4G 之间保持连续性。

5G 无线接入网存在着两种组织架构的选择，包括 SA（Standalone，独立组网）和 NSA（Non-standalone，非独立组网）架构方式，不同的组网场景对话音方案，尤其是话音连续性上带来了诸多影响因素。

SA 组网场景下，包括两种语音解决方案，EPS fallback 方案和 VoNR 方案如图 4-22 所示。

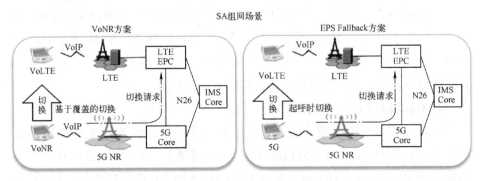

图 4-22　SA 组网场景下的两种语音解决方案

EPS fallback 方案允许 5G 终端驻留在 5G NR，数据业务承载在 5G 网络。语音业务则由 4G 网络承载，当终端发起语音呼叫时，网络通过切换流程将终端切换到 LTE 上，通过 VoLTE 提供语音业务；该方案在 5G 组网初期可作为语音提供过渡方案，以避免 VoNR 方案产业不成熟无法提供语音业务。

VoNR 方案是通过 5G NR 提供 IMS 语音的技术方案，基于 5G 和 4G 网络共同提供语音业务。当终端驻留 5G 网络，语音业务和数据业务都承载在 5G 网络；而当终端移动到非 5G 覆盖区，由 LTE 网络为其服务，从 5G 到 LTE 的移动基于切换方式。在 VoNR 技术方案中，5G 作为一种接入方式接入 IMS 网络，对 IMS 网络不做架构上的改变，整体上类似于 VoLTE。

NSA 组网场景下，语音解决方案为 VoLTE 方案，如图 4-23 所示。

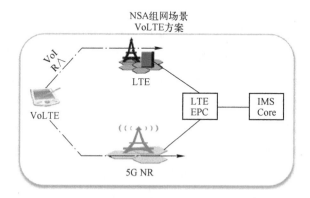

图 4-23　NSA 组网场景下的语音解决方案

VoLTE 方案基于 4G 网络提供语音，与现有 VoLTE 基本相同；语音业务都由 LTE/EPC 提供，暂不需考虑与 NR/NGC 的业务连续性互操作。连接态时终端保持 LTE 基站和 5G 基站的双连接，数据业务承载在 5G 网络/4G 网络。

4.2.5　5G 室分系统部署与演进

1. 5G 室内覆盖痛点

室内覆盖是 5G 的新战场。智慧家庭、智能工厂、AR/VR 等超过 70% 的 5G 应用发生于室内，但 5G 更高频段信号无法从室外抵达室内，因此，深耕室内覆盖、使能应用创新是 5G 商业化的关键。

室内覆盖是 5G 的新痛点。更高的频段、更多的天线、更丰富的应用，这些都是传统室分系统无法完成的"Impossible mission"。

（1）更高的频段　传统室分无源器件于 5G 中频段损耗大，难以满足指标要求；5G 毫米波高频段，则使用一套完全不同的装备，若按传统室分方式部署，复杂度太高。

（2）更多的天线　由于 5G 采用更高阶的 MIMO、波束赋形等技术，因此

5G 需要更多的天线，4T4R 或者更多，对于传统室分一天线对应一条通道的实现方式而言，工程复杂、扩容困难。

（3）更丰富的应用　室分系统应引入边缘计算，以开放服务能力，催生更丰富的 5G 室内应用，但传统室分无法实现。

传统室分已经跟不上技术演进的步伐，根据 2018 年数据统计，中国超过 50 万套、全球约 100 万~200 万套传统室分系统将面临循序渐进的升级替换。

2. 传统室分解决方案

传统室分系统主要包含无源室分系统和有源室分系统，起源于 2G/3G 时代的 DAS 室分技术，主要解决室内信号弱覆盖问题。

最早的室分系统称为无源分布系统，射频信号直接通过耦合器、功分器、合路器等无源器件进行分路，由馈线将信号传输到分布于室内的天线上，如图 4-24 所示。这种方式已应用多年，但存在 4 大缺点，馈线的线路损耗大，无源器件质量参差不齐；馈线线径粗，且随着 2G/3G/4G 升级，以及 MIMO 多通道应用，升级施工难度越来越大；需对信源信号进行放大处理，从而抬升系统底噪，上行覆盖收缩，对网络 KPI 指标造成影响；难以实现完整的网管实时监控、管理和维护排障困难。

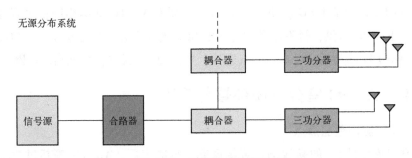

图 4-24　传统无源分布系统

有源分布系统通常分为传统光纤分布系统和多业务光纤分布系统。

（1）传统光纤分布系统由近端机、远端机和天馈线组成。把基站直接耦合的射频信号转换为光信号，利用光纤传输到分布于室内的远端单元，再把光信号转换为电信号，经放大器放大后传输至天线，如图 4-25 所示。

（2）多业务光纤分布系统由接入单元、近端扩展单元、远端单元三部分组成，如图 4-26 所示。接入单元从基站耦合射频信号，并转成数字射频信号，通过光纤传至扩展单元；扩展单元实现将接入单元传来的数字射频信号

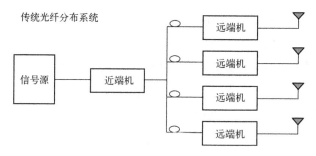

图 4-25 传统光纤分布系统

分路并通过五类线或者网线传至多个远端单元；远端单元实现系统射频信号的覆盖，采用光纤复合缆直流供电或 POE 供电。

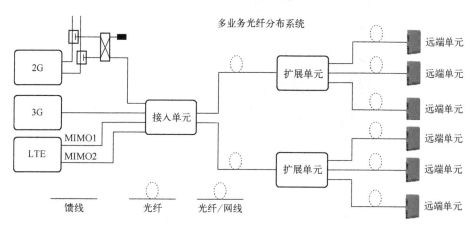

图 4-26 传统多业务光纤分布系统

相比于无源系统，有源室分有 5 大优点：可连接更多的天线，覆盖范围更大；可有效支持 MIMO 技术，提升速率；多设备节点组网，扩容升级方便；基本不使用无源器件，降低了物业协调和施工难度；可实现从信源接入至末端的全面监控。但是，多业务光纤分布系统需连接 RRU 作为信源，其直放站功率中继的本质不变，依然无法避免抬升系统底噪的问题。

3. 面向 5G 演进的数字化室分解决方案

随着室分技术的发展，室分系统开始向更扁平化、更简单灵活的构架演进室分系统进入数字化时代。新型数字化室分网络利用全数字化室分技术，为 MBB 用户提供最佳的业务体验，为运营商提供有竞争力的、面向未来演进的室分系统，以 LampSite 方案为典型。

LampSite 主要由 BBU、RHub 和 pRRU 三层架构组成，如图 4-27 所示。其中 BBU 是基带处理单元，实现基带信号处理功能。可以和宏站或室分的 BBU 共建共享；RHub 是实现光纤 CPRI 信号到 GE 电信号的转换，同时为 pRRU 实现 PoE 集中一体化的传输交换；pRRU 是室内小功率射频拉远模块，负责传输 BBU 的天馈系统之间的信号。

新型数字室分系统

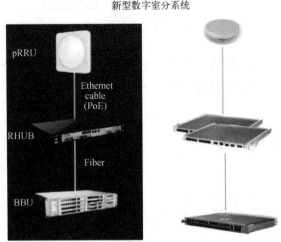

图 4-27　新型数字室分系统

5G LampSite 实现"四个一体化"，如图 4-28 所示。多频一体化，支持 Sub 3GHz 和C-Band 频段。多模一体化，支持 5G NR 和 LTE，并可利旧 4G LampSite 的网络基础设施和安装位置，做到"线不动，点不增"而实现由 4G 向 5G 平滑演进。多传输一体化，支持 CAT6A 网线和光纤，CAT6A 网线和光纤可同时支持 LTE 和 5G。多业务一体化，支持增强型移动宽带、物联网业务和室内导航。

新型数字室分系统主要优点包括支持 5G 频段，解决传统无源室分的物理限制和有源室分的系统复杂性问题；采用 BBU 直接连接的射频拉远，可独立解调，改善噪声系数；支持 MIMO 多通道演进；可实现可视化运维管理；支持 5G 多业务发展。

4. 室分数字化演进优势

5G LampSite 方案意味着 5G 室内覆盖将从数字化开始，室内和室外协同覆盖，共同完成从人的连接到万物连接的边界跨越。数字化的室分系统具备

图 4-28　LampSite 实现四个 "一体化"

三大特点，包括数字化架构、数字化运维以及数字化业务，在获取当前商业成功的同时，兼顾面向未来演进的需求。

数字化架构。根据 2017 年统计数据，目前 720P 视频业务已成主流，渗透率接近 85%；1080P 视频业务已占领半壁江山，占比达 55.5%。作为 5G 典型应用的 AR/VR 等也渐渐进入人们的视野。用户对业务体验和网络速率的要求越来越高。

MIMO 是当前行业内公认的提升用户速率和网络容量的有效技术。同时 5G 时代通过使用具备大带宽的高频来提升用户体验也是运营商在积极探索的方案。但是存量的传统室分网络只支持 SISO，如果对存量网络改造以支持 MIMO，则相当于重新部署一套端到端的传统室分，工程量大、耗时长；而数字化室分网络 MIMO 为默认配置，数字化室分的 MIMO 还具备向 4×4 MIMO 演进能力，能够动态匹配室内场景大容量的需求。

另外传统室分网络架构大量使用馈线、合路器、功分器等器件，由于频谱和器件本身的特性使得高频段对无源器件敏感，链路衰减大，而数字化室分网络采用网线或者光纤传输数字化信号，对高频段不敏感。

所以数字化架构是数字化室分网络在性能上区别于传统室分网络的根本原因，是数字化室分网络具备面向 5G 演进能力的基础条件。

（1）数字化运维

当前全球大多数运营商都在同时运营 GSM、UMTS 和 LTE 网络，通常有 4~5 个频段，在不远的 5G 时代随着新频谱的引入，网络会变得更加复杂。为

了让网络能够随时提供最佳的服务，维护人员需要实时监控网络及网元的运行状态。传统室分网络采用的无源器件不具备设备状态实时可视化的能力，需要大量的人力进行日常维护和网络故障排查。而数字化室分网络能够通过统一的数字化运维平台，实时管理到每个网元设备，网络和设备状态实时可见，这使得网络参数动态可控、网络故障可以及时发现和处理。

运维数字化还能够利用 Mobile AI 等先进技术对网络的覆盖、干扰、容量等情况实时监控并动态调整和优化网络的资源配置，大幅提升网络运营效率。

（2）数字化业务

除了运营传统的语音和 MBB 业务以外，大数据和物联（IoT）业务即将成为新的蓝海。传统室分系统的业务开放能力不足，在定位精度支持方面能力有限。如以工业物联网为代表的 LBS 业务，传统室分网络 50 米以上的定位精度限制业务的应用范围，数字化室分网络能够有效提升定位精度达到米级甚至亚米级水平，更好地满足定位业务在室内场景的应用。除此以外数字化室分网络还能够开放更多的数据以支撑运营商的大数据战略。

根据 2017 数据统计表明，和传统室分系统相比，数字化室分系统的单位面积流量增加 4~10 倍，DOU 增长 5~8 倍，运维效率提升 30% 以上。数字化是当前室分网络建设的最佳选择。

当前，业界主流厂家纷纷推出面向 5G 演进的数字化室分解决方案，以满足数字化室分场景建网转型的需求。例如上面提及 LampSite 系列解决方案，主流厂家也纷纷推出室内数字化解决方案，如图 4-29 所示，并在网络架构和主要硬件平台上支持面向 5G 演进，满足用户 5G 业务体验的需求。

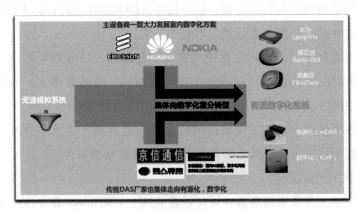

图 4-29　主流厂家集体向数字化室分转型

4.2.6　5G 承载网演进路线

1. 5G 无线网驱动 5G 承载网的改变

从 3G 到 4G，再到 5G，无线网络的变化决定了传送网需相应改变，特别是承载网连接的网元架构发生了改变，如图 4-30 所示，EPC 分离出 New Core 与 MCE 两个部分，导致 CN 与 Cloud RAN 的边界发生根本改变，无形中增加了 5G 承载网的多样性。

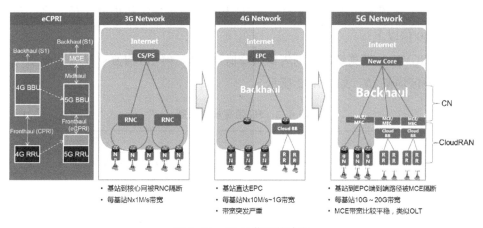

图 4-30　5G 承载网的改变

2. 5G 承载网需求分析

5G 承载需求取决于 5G 业务及 5G 网络架构的变化。如图 4-31 所示，5G 业务需求直接影响承载网的技术指标，如带宽、时延和时钟精度等；而 5G 无

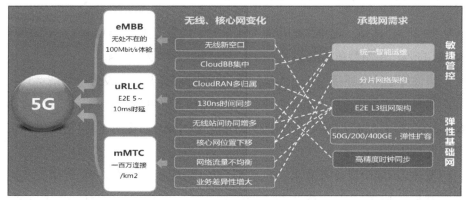

图 4-31　5G 时代对承载网需求

线网和核心网的架构变化则引发了相应的承载网架构变化，并对网络功能提出新要求，包括统一智能运维、分片网络架构、E2E L3 组网架构、弹性扩容和高精度时钟同步等。

（1）大带宽需求

带宽是 5G 承载的第一关键指标，5G 频谱将新增 Sub-6G 及超高频两个频段。Sub-6G 频段即 3.4~3.6 GHz，可提供 100~200 MHz 连续频谱；6 GHz 以上超高频段的频谱资源更加丰富，可用资源一般可达连续 800 MHz。因此，更高频段、更宽频谱和新空口技术使得 5G 基站带宽需求大幅提升，预计将达到 LTE 的 10 倍以上。

按 NGMN 的带宽规划原则为单站峰值＝单小区峰值＋均值×(N−1)，单站均值＝单小区均值×N，如表 4-2 所示。

表 4-2 5G 带宽规划原则

	4G	5G 低频
频谱资源	频宽 20 MHz	3.4~3.5 GHz 的频谱资源
		频宽：100 MHz
基站配置	3cells，3CC，4T4R	3 cells，64T64R 配置
频谱效率	峰值 15 bit/Hz 均值 2.5 bit/Hz	峰值 40 bit/Hz， 均值 10 bit/Hz
小区峰值带宽	15 bit/Hz×20 MHz×3＝900 MHz	40 bit/Hz×100 MHz＝4 Gbit
小区均值带宽	2.5 bit/Hz×20 MHz×3＝150 MHz	10 bit/Hz×100 MHz＝1 Gbit
单站峰值带宽	1.2 GHz（900 MHz+2×150 MHz）	6 GHz（4G+2×1G）
单站均值带宽	0.45 GHz（3×150 MHz）	3×1G＝3 GHz

5G 和 4G 共站，则单站的带宽为，单站平均带宽为 0.45 Gbit/s+3 Gbit/s＝3.45 Gbit/s，单站峰值带宽为 1.2 Gbit/s+6 Gbit/s＝7.2 Gbit/s。

假设传输接入环接入 6 个无线站点（LTE 与 5G 共站合设为一个站点）。

如图 4-32 所示，接入环的总带宽＝单站均值 X5+单站峰值 X1＝（1.2 Gbit/s+6 Gbit/s）X1+（0.45 Gbit/s+3 Gbit/s）X5＝24.45 Gbit/s。备注（5G 初期实际流量可能远低于理论值）

按 5G 不同阶段业务需求，承载网分阶段建设，如图 4-33 所示。实现立足现网、按需建设、逐步打造 5G Ready 的承载网。在 5G 建设初期，eMBB 初步商用，热点城区接入环进行升级支持 50GE，大部分区域的 10GE

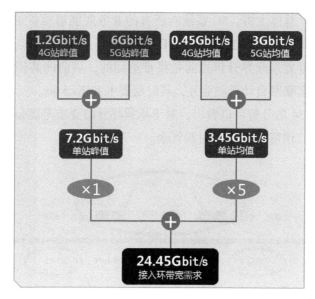

图 4-32　5G 传输接入环带宽需求计算

接入环可满足 5G 基站的接入需求；在 5G 建设中期，eMBB 规模商用，根据流量的逐步扩大，相应升级 50GE 的比例，流量热点区域升级支持 200GE；在 5G 建设后期，mMTC 和 uRLLC 商用，全网流量快速增长，核心层引入 400GE 接口，另外随着垂直行业的引入，现网采用 50GE、200GE 和 400GE 板卡启动分片等特性。

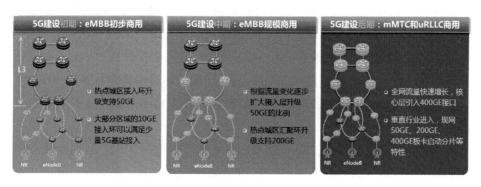

图 4-33　逐步打造 5G Ready 的承载网

（2）低时延需求

5G 业务与应用对于承载网的时延有很高的要求。根据 ITU 的定义及

NGMN 的解读，总体上讲，5G 系统对所有的业务要能够提供 E2E 10 ms 的时延要求，对于时延严苛的业务需要 E1E 1 ms 时延。

1 ms 的标准要求业界分析当前是很难达到的，当前的共识是对时延要求最为敏感的是车联网自动驾驶业务，其时延要求 E2E<5 ms。

根据图 4-34 的分解可以看出，对于承载部分的要求是 2 ms，源基站到基站的单向时延，预留 0.8 ms 的时延冗余。

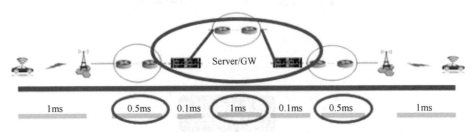

图 4-34　端到端时延分布

不同应用场景对承载的时延需求是不同的，具体分为前传、中传和回传。前传网络指 5G RRU 到 CloudBB 之间的网络，时延需求为≤250 μs；中传网络指 5G NB 至 MCE 之间的网络，时延需求为≤1.5 ms；回传网络指 MCE 到 EPC Pool 之间的网络，时延需求为≤10 ms，如图 4-35 所示。

5G 低时延需求主要为自动驾驶和交互式视频，自动驾驶要求 D2D 3 ms、网络端到端 5 ms，网络 E2E 3 ms/5 ms 时延分解，基站到 MCE 0.5 ms，回传 1 ms。交互式视频如 VR/AR 对 E2E 时延的要求，网络 E2E 7 ms（含光纤、OTN、IP、有线/无线接入）。分解到 RRU-MCE/MEC 网络 RTT 时延为 5 ms，要求低于自动驾驶的 3 ms。5G 基站到 MEC 时延传分解，尽管中传允许最大 10 ms 时延，但从自动驾驶等要求的 V2X 5 ms 时延，其中空口占 1 ms，光纤和承载设备的前传+中传单向时延 1.5 ms。

不同的时延指标要求，将导致 5G RAN 组网架构的不同，从而对承载网的架构产生影响。如为了满足 uRLLC 应用场景对超低时延的需求，倾向于采用 CU/DU 合设的组网架构，则承载网只有前传和回传两部分，省去中传部分时延。

同时，为了满足 5G 低时延的需求，光传送网需要对设备时延和组网架构进行进一步的优化。

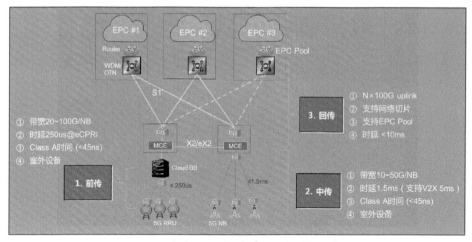

图4-35 前传、中传、后传的网络时延

（1）在设备时延方面　可以考虑采用更大的时隙（如从 5 Gbit/s 增加到 25 Gbit/s）、减少复用层级、减小或取消缓存等措施来降低设备时延，达到 1 μs 量级甚至更低。

（2）在组网架构方面　通过采用树形组网取代环形组网，可降低时延，如图 4-36 所示。

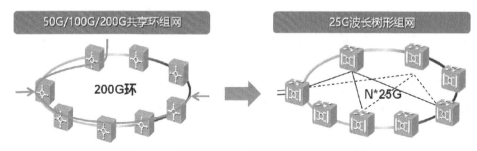

图4-36 承载网从环形向树形组网演进示意图

（3）高精度时间同步需求

5G 承载的第三关键需求是高精度时钟，根据不同业务类别，提供不同的时钟精度。5G 同步需求包括 5G TDD（Time Division Duplex，时分双工）基本业务同步需求和协同业务同步需求两部分，时钟源下沉至汇聚点，使能 5G 高精度同步需求，如图 4-37 所示。

从当前 3GPP 讨论来看，5G TDD 基本业务同步需求估计会维持和 4G TDD 基本业务相同的同步精度+/-1.5 μs。

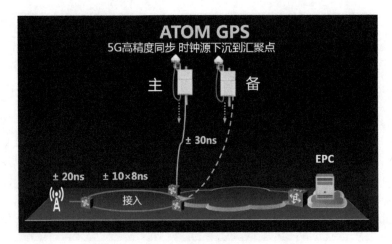

图4-37　5G时钟源下沉至汇聚点示意图

高精度的时钟同步有利于协同业务的增益，但是同步精度受限于无线空口帧长度，5G的空口帧长度1 ms比4G空口帧10 ms小10倍，从而给同步精度预留的指标也会缩小，具体指标尚待确定。

因此，5G承载需要更高精度的同步。5G承载网架构需支持时钟随业务一跳直达，减少中间节点时钟处理；单节点时钟精度也要满足ns精度要求；单纤双向传输技术有利于简化时钟部署，减少接收和发送方向不对称时钟补偿，是一种值得推广的时钟传输技术。

（4）灵活组网的需求

4G网络的三层设备一般设置在城域回传网络的核心层，以成对的方式进行二层或三层桥接设置。对站间X2流量，其路径为接入-汇聚-核心桥接-汇聚-接入，X2业务所经过的跳数多、距离远，时延往往较大。在对时延不敏感且流量占比不到5%的4G时代这种方式较为合理，对维护的要求也相对简单。但5G时代的一些应用对时延较为敏感，站间流量所占比例越来越高。同时由于5G阶段将采用超密集组网，站间协同比4G更为密切，站间流量比重也将超过4G时代的X2流量。下面对回传和中传网络的灵活组网需求分别进行分析。

5G网络的CU与核心网之间（S1接口）以及相邻CU之间（eX2接口）都有连接需求，其中CU之间的eX2接口流量主要包括站间CA（Carrier Aggregation，载波聚合）和CoMP（Coordinated Multipoint Transmission/Reception，协作多点发送/接收）流量，一般是S1流量的10%~20%。如果采用人工配置静态连接的方式，配置工作量会非常繁重，且灵活性差，因此回传网络需要支持 IP 寻址和转发功能。

另外，为了满足 uRLLC 应用场景对超低时延的需求，需要采用 CU/DU 合设的方式，因此承载网只有前传和回传两部分。此时 DU/CU 合设位置的承载网同样需要支持 IP 寻址和转发能力。

中传网络，在 5G 网络部署初期，DU 与 CU 归属关系相对固定，一个 DU 固定归属到一个 CU，因此中传网络可以不需要 IP 寻址和转发功能。但是未来考虑 CU 云化部署后，需要提供冗余保护、动态扩容和负载分担的能力，从而使得 DU 与 CU 之间的归属关系发生变化，DU 需要灵活连接到两个或多个 CU 池。因此 DU 与 CU 之间的中传网络需要支持 IP 寻址和转发功能。

在 5G 中传和回传承载网络中，网络流量仍然以南北向流量为主，东西向流量为辅。并且不存在一个 DU/CU 会与其他所有 DU/CU 有东西向流量的应用场景，一个 DU/CU 只会与周边相邻小区的 DU/CU 存在东西向流量，因此业务流向相对简单和稳定，承载网只需要提供简化的 IP 寻址和转发功能即可。

（5）网络切片需求

5G 网络有 3 大类业务 eMBB、uRLLC 和 mMTC。不同应用场景对网络要求差异明显，如时延、峰值速率、QoS（Quality of Service，服务质量）等要求均存在较大不同。为了更好地支持不同的应用，5G 将支持网络切片能力，每个网络切片将拥有自己独立的网络资源和管控能力，如图 4-38 所示。另一方面，可以将物理网络按不同租户（如虚拟运营商）需求进行切片，形成多个并行的虚拟网络。

5G 无线网络需要核心网到 UE 的端到端网络切片，减少业务（切片）间相互影响。因此 5G 承载网络也需要有相应的技术方案，满足不同 5G 网络切片的差异化承载需求。

前传网络对于 5G 采用的 eCPRI 信号一般采用透明传送的处理方式，不需感知传送的具体内容，因此对不同的 5G 网络切片不需要进行特殊处理。中传/回传承载网则需要考虑如何满足不同 5G 网络切片在带宽、时延和组网灵活性方面的不同需求，提供面向 5G 网络切片的承载方案。

3. 面向 5G 的光传送网承载方案

5G 承载网络由前传、中传、回传三部分组成，如图 4-39 所示。5G 承载

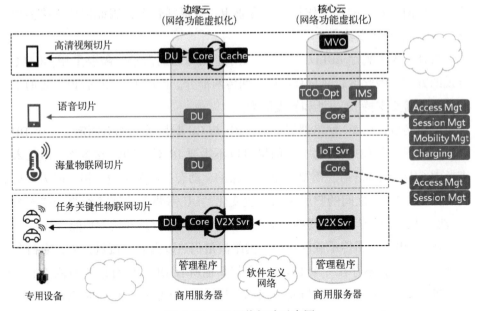

图 4-38　5G 网络切片示意图

网的不同部分，均以南北向流量为主，东西向流量占比较少。5G 业务存在大带宽、低时延的需求，光传送网提供的大带宽、低时延、一跳直达的承载能力，具备天然优势。

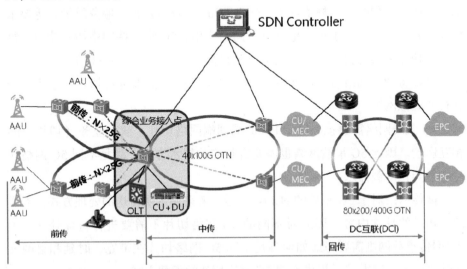

图 4-39　基于光传送网的 5G 端到端承载网示意图

在综合业务接入点 CO（Central Office，中心局）部署无线集中式设备（DU 或 CU+DU）。CO 节点承载设备可以将前传流量汇聚到此节点无线设备，也可以将中传/回传业务上传到上层承载设备。CO 节点作为综合接入节点，要求支持丰富的接入业务类型，同时对带宽和时延有很高要求。分组增强型 OTN 设备可以很好地兼顾上述需求。

对于已经光纤到站点的运营商，5G 承载网的改造并不复杂，如图 4-40 所示，5G 的承载网可利旧存量光纤，通过增加 WDM/OTN 设备支持 5G，eCPRI 用于 5G 拉远场景，以降低 SFP 光口成本以及传输带宽。

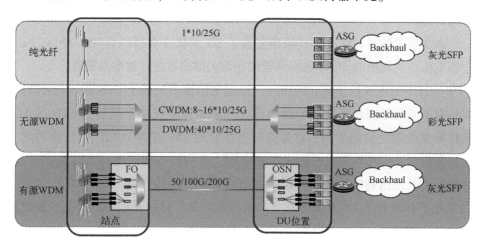

图 4-40　5G 承载网络部署方案

4. 5G 承载主流技术选择

在国际电信联盟第十五研究组（ITU-T SG15）2017-2020 研究期第二次全会上，经过两周的激烈讨论，中国电信主导推动的 M-OTN 标准取得实质进展，实现了两个相关的标准立项。标志 ITU-T SG15 研究组正式认可 M-OTN（Mobile-optimized OTN）技术可适用于 5G 承载的前传、中传和回传，后续将正式开展 M-OTN 的标准化工作。

M-OTN 是面向移动承载优化的 OTN 技术，主要特征包括单级复用、更灵活的时隙结构、简化的开销等，目标是提供低成本、低时延、低功耗的移动承载方案。

在本次会议上，ITU-T SG15 同时启动两个 M-OTN 相关的标准项目。

G. sup.5gotn，Application of OTN to 5G Transport（OTN 在 5G 传送中的应

用），项目描述现有 OTN 技术在 5G 承载中的应用方式，同时将给出下一步标准化的方向。这标志 OTN 成为第一个也是目前唯一一个 ITU-T SG15 正式认可的 5G 端到端承载技术方案。

G. ctn5g，Characteristics of transport networks to support IMT-2020/5G（支持IMT-2020/5G 的传送网特性），项目将规范支持 5G 承载的需求和通用传送特征，立项文件参考了 GSTR-TN5G 需求文件，eCPRI、CPRI 前传接口标准，G. 709. x、G. 698. x、G. 872、G. 7712 等多个 OTN 相关标准，以及 IEEE 802. 3、IEEE802. 1CM 两个以太网相关标准，可见 OTN 技术将作为该项目的重要研究内容。

本次会议的另一项重要成果是完成了 5G 承载技术报告 GSTR-TN5G，由中国电信牵头提出的 5G 传送网络架构作为关键内容之一被纳入报告。

在 ITU-T 标准稳步推进的同时，中国电信推动的基于 OTN 的 5G 承载方案也有了实质的测试进展。中国电信在北京研究院成功完成基于 OTN 的 5G 前传承载的第一阶段测试，这是全球首次针对 25G 速率 eCPRI 的传输测试，具有深远的产业指导意义。测试结果表明，参测设备均已支持 25G eCPRI 业务传输，并能达到微秒级的时延指标要求。在中回传方面，中国电信已经完成了基于 OTN 的 5G 中回传承载方案的技术规范，计划开始启动实验室测试。在实验室测试结束后，将迅速推进现网试点验证。

4.3　现网面向 5G 的储备与改造

4.3.1　超密组网的储备能力

5G 空中接口目前已提出许多革新的关键技术，如大规模天线技术、全频谱接入技术、新型多址技术、新型多载波技术。高级的调制技术与更高阶的大规模天线技术则意味着更高的信噪比要求，这就决定在市区等密集场景，由于复杂的无线环境，5G 站点超密集部署不可避免。

5G 密集部署典型的应用场景如办公室、密集城市公寓、商场、露天集会、体育场馆。室外或是室内的用户的密度相当高，小区的拓扑形状呈现高度的异构性和多样性，有宏小区、微小区（Micro Cell）、毫微小区（Pico Cell）、微微小区（Femto Cell）等，如图 4-41 所示。从以往网络建设经验来看，由于市民对无线信号辐射观念不断加强，在市区、密集市区场景基站寻址越来越困难；以及基站建设的楼顶、空地等在 2G、3G、4G 建设过程已消耗殆尽。为应对站址及配套存量不足的问题，应积极发挥存量站址优势，优先选择现有站点利旧建设，通过由传统宏站+室分方式逐渐向宏微结合、室内外协同方式转变，精准问题定位、精细规划设计，有效应对各种场景覆盖需求。

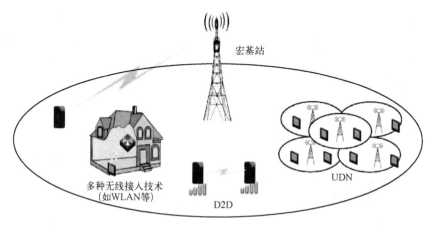

图 4-41　超密异构组网示意图

5G 无线通信系统不再像 2G、3G 和 4G 一样，主要依靠大量宏基站的组网。大量的微站在 5G 系统中将遍地开花，成为建设新潮流，微站将无线信号连接到宏基站难以触及的通信末端。在车站、居民区等场景，由于业主环评意识强烈以及传输过程的阴影效应或者是塔下黑等原因，出现的覆盖空洞，在 5G 网络中通过微站得以解决。通过微基站负责容量、宏基站负责覆盖以及微基站间资源协同管理的方式，实现基于业务发展需求以及分布特性灵活部署微基站。在宏站目标规划站址资源的基础上，通过精细规划，结合业务、场景和各种基础灯杆资源，规划 5G 微站的站址，满足超密集组网下大容量需求。

5G 微站部署尽量不要牺牲宏基站的覆盖功能，避免调整宏基站的方位角，天线下倾角或者发射功率。同时微站站址选择在宏站辐射范围内的中远点或者宏站的覆盖的边缘区域，并通过合理控制微站功率，避免与宏站之间产生干扰。同时在 5G 微站站址储备方面，通过对社会资源（路灯杆、监控杆、公交站台、建筑物外立面等）提前获取、批量获取、科学获取。按照资

源产权属性分类形成翔实的微站站址资源库，在部署 4G/5G 微站时可直接共享使用，节约时间快速部署。

5G 时代数据流量激增，在一些地区数据业务密集，经常出现局部网络容量不足、业务阻塞、吞吐量低、用户体验差。容量受限的场景多发生在商业广场、火车站、步行街、地铁轻轨站、高校等一些业务热点区域。

对于住宅、公司 CBD 高楼等业务热点区域处于宏站的覆盖的较远或边缘位置场景，这种在 2G、3G、4G 的时代一般采用新建或者改造室内分布系统。由于 5G 和 2G、3G、4G 和频段不同，对于 5G 系统合路改造，合路器或者 POI 都要更换，同时由于覆盖范围的差异，很多地方可能需要增补天线。网络改造困难，施工协调麻烦，网络容量不可监控，无法匹配到最佳的用户需求。这时可以考虑新型室分系统，分布式微站（皮基站）。分布式微站远端单元可以直接放装或外接天线，分布式微站远端特别小巧（直径 10 cm 左右）；通过小区合并或分裂，便于灵活构建较大规模的分布系统。具备部署灵活快捷、便于容量和覆盖调整、利于监控的优势。

对于住宅、公司 CBD 高楼等业务热点区域处于宏站覆盖范围的中间位置，高楼中层覆盖效果比较好，高层存在乒乓效应，易造成频繁切换，而楼宇底层室内覆盖信号很差；可以利用住宅小区、高楼附近绿化草地，新增 5G 微站，做成美化指示牌或者枋路灯站型，采用定向 2T2R 或者 4T4R 天线。亦或在高楼的楼顶建设微站，利用其垂直波束分裂，实现高层楼宇的信号渗透。微站的覆盖距离控制在 30~50 m 左右，功耗范围 2 W~5 W 之间。

另外对于这些室外或者室内的场强覆盖较弱或者盲区可以考虑 Femto Cell 或者 Pico Cell 等微站设备，或者 LampSite 室内分布解决方案。通过引入射频远端单元（分布式微站），易于室内布线，方便软件对远端单元集中统一管理，实现对所有远端单元进行故障排查和定位修复。

4.3.2 天面的储备能力

4G 到 4.5G/5G 网络演进过程中，运营商普遍面临铁塔空间受限、租金高以及天线系统不支持未来演进等难题，已无法通过简单叠加的方式为 5G 系统部署天线，天面空间正成为网络部署的瓶颈，全频段 4T4R 逐渐成为主流配置，Massive MIMO 作为面向 4.5G/5G 的关键天线技术，需要考虑预留相应的天面空间。所以单 4488 天线收编 3 GHz 以下所有频段，同时为 Massive

MIMO 部署预留天面空间，将成为"面向 5G"的典型天面方案，如图 4-42 所示。

图 4-42　多频天线和 Massive MIMO 组成的"面向 5G"天面方案

　　该方案由一面支持 Sub-3 GHz 多频天线和一面 Massive MIMO 天线组成，满足从 4G 向 4.5G/5G 网络演进的天线方案需求。实现一次部署支持网络快速向 5G 演进，最大程度减少天线系统的重复投资，实现最佳性能的 5G 网络部署。

　　针对无源天线三大主要应用场景，对于 FDD 场景，单天线需要支持 Sub-3 GHz 全频段 4T4R；对于 FDD/TDD 融合场景，单天线需要支持 Sub-3 GHz 全频段 4T4R 与 C-band 的融合；对于多扇区场景，单天线需要支持多扇区和多通道灵活演进。另外 5G 时代的天线系统更加需要支持智能化，以实现天线系统"可视、可管、可调"，使得网络运维更高效。

4.3.3　传输的储备能力

　　考虑到 5G 承载需求的节奏（初期只有 eMBB 业务），现有的 PTN 网络初期是容量提升为主，建议热点城区接入环升级支持 50GE；部分区域 10GE 环可满足少量 5G 站接入；同步启动管控系统规划建设；L3 逐步下移；中期根据流量变化逐步扩容升级，热点城区汇聚环升级支持 200GE，端到端满足 5G 流量的大幅提升；基本完成 SDN L3 到边缘的部署，简化运维、同时提升灵活性；后期全网流量快速增长，核心层引入 400GE 接口，进入垂直行业，现网的板卡启动分片等特性，端到端分片部署；逐步实现一张 5G Ready 的目标承载网。

面向 5G 传送网有 3 种演进策略。如图 4-43 所示。

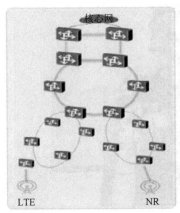

策略一：利用现网　　　　　　策略二：现网利级

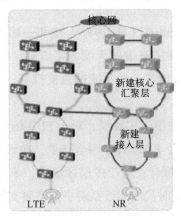

策略三：扩建新网

图 4-43　面向 5G 传送网有 3 种演进策略

（1）利用现网

在现有的传输网络资源上进行配置升级，由升级后的 PTN 或 IPRAN 传输网共同承载 5G 基站和核心网设备以及 2G/3G/4G 业务。该方案对实现相对简便，但由于现有的带宽资源，网络容量受限等，无法全面支持 5G 功能，应用价值较小，不便于大规模推广。

（2）现网升级

在现有的 PTN 或 IPRAN 网络升级的基础上，对接入层设备进行升级，用于支持用户侧 10GE/25GE 接口，满足 5G 基站回传的需求。但由于接入层设备的交换容量受限，不足以支持升级改造，所以设备升级需要进行大规模的设备替换，几近重建一张新的网络，实现难度大、周期长、耗费高。

（3）扩建新网

在原有的 PTN 或 IPRAN 网络之外，扩建一张传输网络满足 5G 业务的大带宽、低时延等各种需求，扩建的传输网络与已有的 PTN 或 IPRAN 网络高度交互，实现业务互通，以最大化利用已有资源，实现 5G 传输网的平滑过渡。

4.3.4 MEC 网络储备能力

ETSI 定义 MEC 为通过在无线接入侧部署通用服务器，为移动网边缘提供 IT 和云计算的能力，强调靠近用户。MEC 使得传统无线接入网具备业务本地化和近距离部署的条件，从而提供高带宽、低时延的传输能力，同时业务面下沉形成本地化部署，可以有效降低对网络回传带宽的要求和网络负荷。

面向 5G 的网络构架演进需要从扁平到边缘。而 MEC 的实际部署需要在体验和效率之间进行平衡，一方面，MEC 越靠近基站则中间环节越少，体验就越好；但另一方面，越靠近基站，同时接入的用户就会变少，节点的使用效率会有所降低。MEC 应该根据业务需求和资源高效的原则部署在城域网边缘到基站之间的位置，比如 CO 机房（Central Office）以及一些特定场所、园区内，如图 4-44 所示。

考虑 5G 云化和 TIC/TAC 架构需求，机房作为重要的战略资源，需要提前储备，机房面积、配电、光缆资源等。省会/大地市核心需要部署核心网 CP（IT 机房），地市核心部署核心网 UP（IT 机房），地市骨干汇聚部署核心网 UP（IT 机房），基站非实时单元 CU（IT 机房），地市普通汇聚部署基站非实时单元 CU（IT 机房）或者 C-RAN（DU 集中），地市级综合接入机房部署 C-RAN（DU 集中），地市站址机房部署分布式 DU 等。

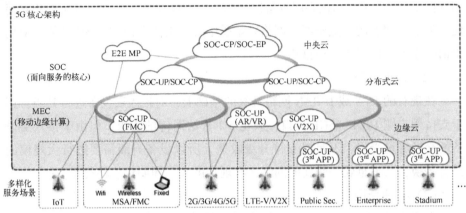

CP:控制云; UP:用户云; MP:管理云; EP:使能云; MSA:多流汇聚

图 4-44　5G 网络构架中 MEC 的部署方案

基于 MEC 的上述技术特征及其适合的商业应用，就 MEC 战略性地给出适应于从 4G 现网到未来 5G 网络平滑过渡的部署建议，分为以下 3 个阶段。

（1）阶段 1

分为两种方案，方案 1 为 MEC 部署在基站侧，方案 2 为 MEC 部署在 CN 侧，以下分别进行叙述。

1）方案 1　基于 4G EPC 现网架构，MEC 服务器部署在多个 eNodeB 的汇聚节点之后，如图 4-45 所示，或者单个 eNodeB 之后，如图 4-46 所示。MEC 服务器位于 LTE S1 接口上，对 UE 发起的数据包进行 SPI/DPI 报文解析，决策出该数据业务是否可经过 MEC 服务器进行本地分流。若不能，则数据业务经过 MEC 透传给核心网 S-GW。MEC 服务器如果是基于 NFV 虚拟化平台，可与基站、核心网共用统一的硬件资源平台，平滑过渡到 5G 网络中。

这种架构方案的优势在于更方便通过监听、解析 S1 接口的信令来获取基站侧无线相关信息，但计费和合法监听等安全问题需要进一步解决。

2）方案 2　MEC 服务器部署在核心网 P-GW 之后（或与 P-GW 集成在一起），可以解决方案 1 中的计费和安全等问题。存在的问题是 MEC 服务器的位置离用户较远，时延较大，且占用核心网资源。其中也有两种实现方案。

第一种方案，不改变现有 EPC 架构，MEC 服务器与 P-GW 部署在一起，如图 4-47 所示。UE 发起的数据业务经过 eNodeB、S-GW、P-GW+MEC 服务器，然后到公网 Internet。该部署方式不存在计费、安全等问题。

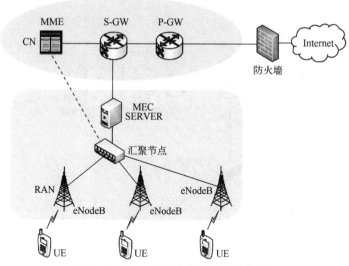

图 4-45　MEC 部署在基站汇聚节点后

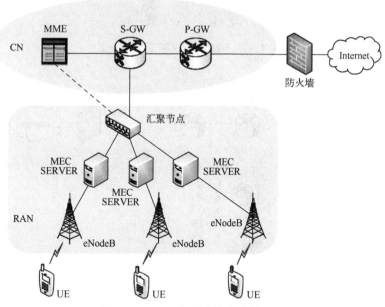

图 4-46　MEC 部署在单个基站后

　　第二种方案，改变现有 EPC 架构，MEC 服务器与 D-GW 部署在一起，原 P-GW 拆分为 P1-GW 和 P2-WG（即 D-GW），其中 P1-GW 驻留在原位置，D-GW 下移到 RAN 侧，也可以到 CN 边缘，如图 4-48 所示。D-GW 具备计费、监听、鉴权等功能。MEC 服务器与 D-GW 可以集成在一起，也可以作为

单独网元部署在 D-GW 之后。

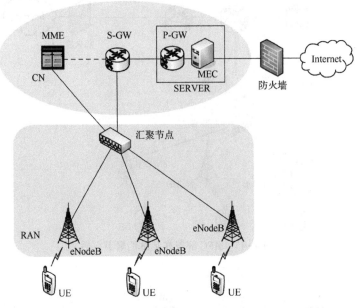

图 4-47   MEC 与 P-GW 部署在一起

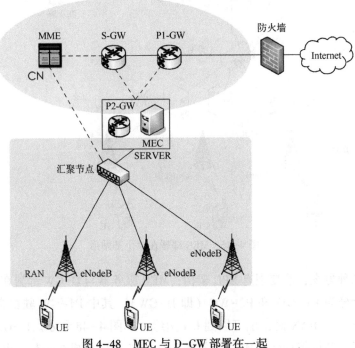

图 4-48   MEC 与 D-GW 部署在一起

具体到部署要求，有以下几点值得注意。

虚拟化方面，MEC 服务器尽量基于通用的虚拟化平台，以期未来可经过软件升级的方式实现 4G 到 5G 的平滑过渡。同时，与现网中的非通用网元虚实共存，促进现有网元的虚拟化替代，并期待网络在未来向全面虚拟化转型。

基于部署推动力的考虑，强调业务优先、分场景部署。针对大数据量、低时延等典型业务，优先考虑用 MEC 进行本地分流，降低传输及核心网压力。

对于 LTE 新建站（包括宏站和微站），在有具体业务需求的情况下，建议 NodeB 与 MEC 服务器同时部署，实现一次进站、统一管理。此外，对于 LTE 已建站（包括宏站和微站），在有具体业务需求的情况下，也可打断 S1-U 接口并部署 MEC 服务。

（2）阶段 2

MEC 部署在下沉的用户面网关（GW-U）之后，与阶段 1 的部署方式并存。

LTE C/U 分离标准冻结后，异厂家的 GW-U 与 GW-C 可实现标准化对接。在有具体业务需求的情况下，新建站建议采用基于 C/U 分离的 NFV 架构，MEC 部署在 GW-U 之后，如图 4-49 所示。对于已建站，建议可保留，与阶段 2 的新部署方式并存。在基于 C/U 分离的传统或 NFV 架构下，MEC 服

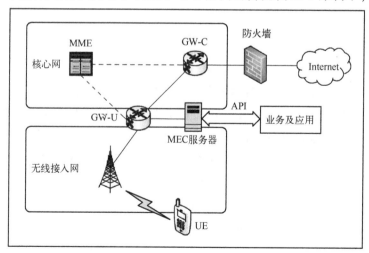

图 4-49 MEC 服务器部署在 GW-U 之后

务器与 GW-U 既可集成也可分开部署，共同实现本地业务分流。

（3）阶段3

基于 5G 的 MEC 方案一般有两种方式，方式 1 为 MEC 服务器部署在 GW-UP 处，方式 2 为 MEC 服务器部署在基站之后，如图 4-50 所示。

1）方式 1　5G 网络核心网 C/U 功能分离之后，U-Plane（对应 GW-UP）功能下移，C-Plane（对应 GW-CP）驻留在 CN 侧。MEC 服务器部署在 GW-UP 处，相对于传统公网方案，可为用户提供低时延、高带宽服务。

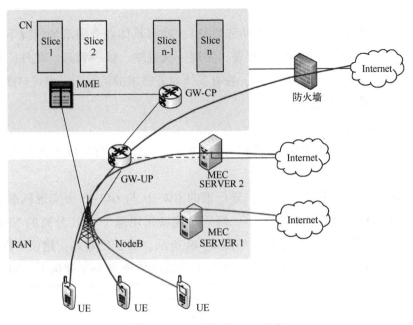

图 4-50　5G 架构的 MEC 方案

2）方式 2　MEC 服务器部署在 NodeB 之后，使数据业务更靠近用户侧。UE 发起的数据业务经过 NodeB、MEC 服务器 2，然后到 Internet。计费和合法监听等安全问题需要进一步解决。

另外基于 SDN/NFV 的 5G 网络架构下，DC 采用分级部署的方式，MEC 作为 CDN 最靠近用户的一级，与 GW-U 以及相关业务链功能部署在边缘 DC，控制面功能集中部署在核心网 DC 预期中的 5G 网络部署包括 3 级，由下到上为边缘 DC、核心 DC 和全国级核心 DC。具体地，全国级核心 DC 以控制、管理和调度职能为核心，可按需部署于全国节点，实现网络总体的监控和维护；核心 DC 可按需部署于省一级网络，承载控制面网络功能，例如移动性管理、会话管理、用户数据和策略等；边缘 DC 可按需部署于地（市）一级或靠近网络边缘，以承载媒体流功能为主，需要综合考虑集中程度、流量优化、用户体验和传输成本来设置。边缘 DC 主要包括 MEC、下沉的用户面网关 GW-U 和相关业务链功能等，在有些场景下，部分控制面网络功能也可以灵活部署在边缘 DC。

第 5 章

5G 网络规划

5.1 5G 网络规划需求与挑战

随着信息时代的不断发展，人们对移动通信网络的需求越来越多，无线网络从单纯的"连接人的网络"发展到"连接人和万物的网络"；从单纯的"语音为主的业务"发展到"爆发式增长的数据业务"再到"纷繁复杂的物联业务"；从仅需要"业务可用的功能性要求"发展到"超低时延超高可靠性的良好体验要求"等。这些网络需求的变化，也给无线网络规划领域带来巨大的挑战。

5.1.1 新频谱对网络规划的挑战

为满足万物互联的海量连接以及 eMBB 用户的超高速率（峰值 1 Gbit/s）需求，5G 网络可用频谱除 Sub‑6 GHz、还包括业界高度关注的 28 GHz/39 GHz/60 GHz/73 GHz 等毫米波高频段。与低频段的无线传播特性相比，高频段对无线传播路径上的材质、植被、雨衰等更敏感；高频因为覆盖距离小且对建筑物材质敏感，对无线网络也提出更高的精细规划要求。

另外，不同频段存在不同的使用规则和约束，包括有许可的、无许可的、授权准入等，这使得频谱规划也变得更加复杂。

综上，新频谱给网络规划带来的挑战和新研究课题包括高频段的基础传播特性研究，构建高频的传播特性基础数据库和覆盖能力基线，传播模型中对建筑材质建模，基于高精度电子地图的场景分类，可应用在高、低频段的高准确性和高效率的射线追踪模型，支持各种类型可用频谱资源的动态规划等。

5.1.2 新空口对网络规划的挑战

5G 三大场景的新空口协议虽然尚未冻结，但其空口技术已日趋明确，包括 Massive MIMO、空分复用以及灵活双工/全双工等，如图 5-1 所示。Massive MIMO 将改变移动网络基于天线扇区固定宽波束的传统网络规划方法，而灵活双工则将改变移动网络上下行频率静态配置的传统网络规划方法，这些都将对 5G 网络规划带来新的问题与挑战。

在 Massive MIMO 下，天线方向图不再是由扇区所使用天线自身特性的固

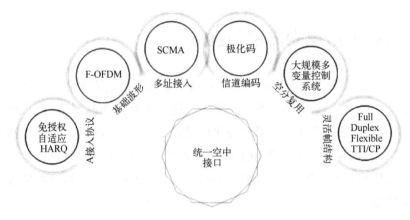

图 5-1　统一的 5G 空口

定宽波束，而是基于用户级的动态窄波束；同时，为显著提升频谱效率，波束相关性较低的多个用户可以同时使用相同的频率资源（即 MU-MIMO），如图 5-2 所示。

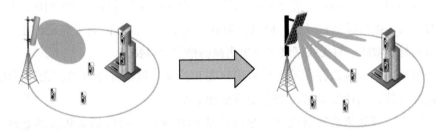

图 5-2　扇区级的固定宽波束与用户级的动态窄波束

传统的网络规划方法已无法满足 Massive MIMO 下的覆盖、速率和容量规划预测，需要开展用户级的动态窄波束建模，需要综合考虑小尺度信道模型对预测准确性以及仿真效率的影响；覆盖和速率仿真建模需要考虑电平、小区间干扰、移动速度、SU-MIMO 等影响因素；系统容量仿真建模需要考虑用户间相关性对配对概率、链路性能等方面的影响等多维度的课题研究。

灵活双工/双全工（Flexible Duplex/Full Duplex）的网络规划。5G 引入灵活双工模式支持灵活动态设置不同上下行时隙配比，更好地适配了不同小区、不同区域的上下行业务的不对称性。这种方案在显著提升频谱效率的同时，也对网络规划提出很高的要求。

网络规划需要分别预测基站与基站以及终端与终端之间的干扰，传统

2G/3G/4G 网络规划中可以接受上下行有一定差异，在 5G 中对链路和系统性能的影响可能是无法容忍的；为使能和发挥灵活双工的商用价值，5G 在多用户调度和干扰消除等算法上也会为此做一些适配，同时也会导致网络规划方法跟 RRM 算法有更深的融合，如图 5-3 所示。

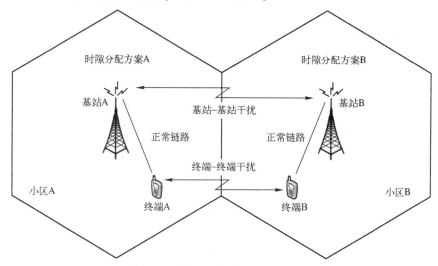

图 5-3　交叉时隙分间的小区干扰

5.1.3　新架构对网络规划的挑战

随着无线网络的发展，网络规划已逐步从"网络为中心的覆盖容量规划"走向"用户为中心的体验规划"，网络架构也相应地走向云化和资源池化，如图 5-4 所示。一方面，通过网络切片在相同的基础网络上快速提供新业务编排和部署，这导致网络规划中需要考虑多个逻辑切片网络叠加对实体网络规划的影响与方法；另一方面，如何围绕用户进行以用户为中心的信道资源云化建模、超密集网络的动态拓扑和协同特性规实时的资源配置和调度；这些都给网络规划领域提出很多新挑战。

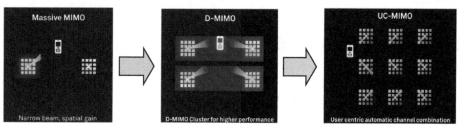

图 5-4　以用户为中心的体验规划

5.1.4　新业务对网络规划的挑战

5G 是万物互联的网络，对应的业务类型根据体验需求特征分成三大类：eMBB、mMTC、uRLLC。uRLLC 对时延（1 ms）和可靠性（99.999%）的要求很高；mMTC 对链接数量和耗电/待机的要求较高；eMBB 要求移动网络为 AR/VR 等新业务提供良好的用户体验。

围绕用户的业务体验进行网络规划已成为行业共识，xMbps、Video Coverage 等体验建网方法在现有 2/3/4G 网络规划中得到广泛应用。体验建网以达成用户体验需求作为网络建设的目标，规划方法涉及的关键功能包括业务体验评估、GAP 分析、规划方案及仿真预测。如何适应 5G 如此多的应用场景，满足各场景下巨大的感知差异，成为 5G 网络规划中的一项难题。

5.1.5　新场景对网络规划的挑战

因为大量新业务的引入，5G 网络的应用场景远远超出传统移动通信网络的范围，物联网业务面向机器通信，如智能抄表、智能停车、工业 4.0 等，其应用场景大大超出人的活动范围；无人机联网、航空覆盖也是 5G 的业务范畴，很多国家明确提出通过移动通信网络为低空无人机、航线提供覆盖和监管的需求；对于这些应用场景，无论是相关的传播特性、还是组网方案设计，都需要从零开始开展相关的课题研究。

另外，对于 5G 高频网络，较小的覆盖范围对站址与工参规划的精度提出更高的要求，而规划精度很大程度上取决于规划仿真的准确性。为提升高频的规划仿真准确性，采用高精度的 3D 场景建模（模拟地貌、建筑物形状和材质、植被等的影响）和高精度的射线追踪模型（提高传播路径预测的准确性）是候选技术方向，但这些技术也会带来规划仿真效率、工程成本等方面的巨大挑战。

5.2　5G 频谱选择与规划

5.2.1　频谱发展趋势

5G 将是全频段接入系统，5G 协议规定的频谱架构将包括两类不同空口，第一类为支持低、中频段的 Sub-6 GHz 空口, 传统 2/3/4G 网络频谱都纳入在范围中; 第二类为支持超大带宽以毫米波为典型的高波频段新空口。

C 频段的传播特性具有较强的绕射能力, 能够实现连续广覆盖, 低时延高可靠性, 低功耗大连接业务, 将是 5G 的核心频段; 毫米波段作为补充频谱, 具有连续大带宽的频谱, 能够实现 5G 的极致峰值速率体验, 满足容量热点区域的高速需求; 而当前的 4G 网络大部分部署在 3 GHz 频段以下, 主要给用户提供无处不在的 100 Mbit/s 的用户体验, 并可兼顾低功耗大连接的需求。

5.2.2 5G 频谱规划原则

各国频谱管制机构和运营商在进行 5G 频谱选择和规划时, 需要重点考虑频谱的全球协同、不同频段的覆盖特性、多样化的业务需求和高低频协作等问题, 如图 5-5 所示。

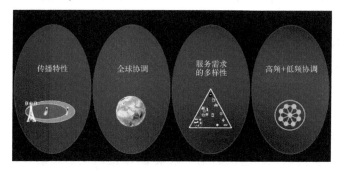

图 5-5 5G 频谱规划的关键要素

5.2.3 全球频谱协同规划

可用无线频谱资源进行国际协调与技术规制是频谱规划的一个关键的因素。全球使用相同的频谱, 不仅会给实现各国运营商之间的漫游服务带来极大便利, 而且也能降低产业成本, 加速 5G 部署, 实现多赢。

国际电信联盟 2015 年世界无线电通信大会 (WRC-15) 上, 来自全球约 160 多个国家的 3000 多位代表共同审议并修订了《无线电规则》, 为满足日益增长的移动通信需求, 为 5G 新增标识 709 MHz 频谱, 其中新增全球统一的频谱 387 MHz (1427 ~ 1518 MHz, 694 ~ 790 MHz 和 3400 ~ 3600 MHz), 其余 322 MHz 为区域标识频谱。

针对未来 5G 的更多频谱资源需求, WRC-15 同意将 24.25 ~ 86 GHz 纳入讨

论范围，并公布 24~86 GHz 之间的全球可用频率的建议列表，并将在 WRC-19 进行标识，尽管 5G 的大规模商用预计要等到 2020 年及之后，但很多国家和区域围绕 5G 频谱的规划，已经明确相关频谱策略和产业导向，抢夺 5G 国际话语权。

（1）美国

美国联邦通信委员会 FCC 是第一个明确 5G 频谱的机构。2016 年 7 月，FCC 正式公布将 24 GHz 以上频段用于 5G 移动宽带运营。FCC 规划用于 5G 的 4 个高频段包括 3 个授权频段（28 GHz、37 GHz 和 39 GHz 频段）和 1 个未授权频段（64~71 GHz 频段）。以上共有 11 GHz 的高频段频谱可供移动和固定无线宽带灵活使用。

（2）欧洲

欧盟于 2016 年 9 月公布 5G 频谱计划，3.4~3.8 GHz 频段作为 2020 年前欧洲 5G 部署的主要频段，连续 400 MHz 带宽有利于欧盟在全球 5G 部署中占得先机；1 GHz 以下的频段，特别是 700 MHz 频谱将用于 5G 广覆盖；24 GHz 以上毫米波作为 5G 潜在容量频段，建议将 24.25~27.5 GHz 作为欧洲 5G 高频的先行频段，另外 31.8~33.4 GHz 和 40.5~43.5 GHz 从长期看也可用于 5G 系统。

（3）中国

3.4~3.6 GHz 已规划用于 5G 国家测试；国家无线电管理局将给 5G 划分 399 MHz 的频谱（3~6 GHz），具体包括 3.3~3.4 GHz，4.4~4.5 GHz 和 4.8~4.99 GHz，相关协调工作已经启动。未来 20 GHz 以上的频谱也将受到关注，但具体分配策略和节奏待定。

（4）日本

日本总务省于 2016 年 9 月更新发布 5G Trial 频段公告，新增 3.6~4.1 GHz，4.4~4.9 GHz 和 27.5~28.28 GHz 频谱用于 5G 的测试验证。

（5）韩国

26.5~29.5 GHz 频段规划用于 2018 年平昌冬奥会 5G 预商用；同时韩国未来创造科学部将回收地面波广播电视公司和 KTSAT 用作转播的 3.4~3.7 GHz，预计将于 2018 年向移动通信公司提供，用于未来的 5G 商用。

从当前的全球 5G 频谱状况分析，C 波段（3.4~4.2 GHz）最有可能获得全球协同，是运营商在未来 5 年能在 Sub-6 GHz 获取到 100 MHz 带宽的唯一频段；28 GHz 有可能成为区域性 5G 频谱，将在部分区域（如美国、韩国、日本等区域）率先使用；39 GHz 和 25 GHz 是潜在的毫米波段全球协同频谱。

5.2.4 频谱规划时需要考虑不同频段的覆盖能力

5G具备全频段接入能力，不同频段具有不同的覆盖能力，将决定其应用的场景。因此在进行5G整体频谱规划时，不同频段的覆盖能力也是需要考虑的关键因素之一。面向未来的5G目标网，基于频谱将划分为三层网络。

（1）5G超高容量层　主要针对6 GHz以上的毫米波段，如28 GHz、39 GHz、70 GHz等，主要面向WTTx、无线自回传和超高容量eMBB等业务。

（2）5G核心业务层　主要针对C波段频谱，如3.5 GHz，4.5 GHz等，可以承载几乎所有的5G业务。

（3）5G连续覆盖层　主要针对3 GHz以下的现有2/3/4G频谱，提供无处不在的5G业务的连续性体验，重点满足mMTC和URLLC等业务。现有2/3/4G频谱不断向LTE重耕，在5G建网初期基于NSA DC（Dual Connectivity）双连接架构，作为5G的锚点，后续逐步向低频NR演进。

5.3　5G传播模型分析

无线传播模型是用来对无线电波的传播特性进行预测的一种方法。传播特性的预测是无线网络规划的基础，其准确性影响到网络规划的准确性和质量。因此，准确的传播模型是准确的无线网络规划的前提条件。

由于无线传播环境极其复杂，地形地物的种类千差万别，移动通信电波传播损耗也是错综复杂的，通用的传播模型是不存在的。针对不同的传播场景和频率范围，有不同类型的传播模型。在无线网络规划中，所选取的传播模型是否合适，直接关系到小区规划是否合理，运营商能否以经济合理的投资满足用户的需求。因此，在规划的最初阶段，需要对所规划区域的传播环境特性进行考察、分析和分类，以选择合适的传播模型。

根据预测范围，无线电波传播模型可分为宏蜂窝模型及微蜂窝模型，前者适用于几百米至几十千米，后者适用于几十米至几百米。根据模型的建立方法，无线电波传播模型又可分为经验模型（Empirical Model）、确定性模型（Deterministic Model）以及混合模型（又称为半经验-半确定性模型，即Empirical-Deterministic Model）。

（1）经验模型源于大量的测量数据统计分析结果，一般适用于预测半径大于 1km 的无线电波传播情况；标准宏蜂窝传播模型（SPM 模型）就是经验模型的代表模型之一；在宏蜂窝环境下，应用经验模型进行电波传播预测时，由于该模型使用条件要求低，成本不高，预测结果基本可满足应用需求，因此得到较为广泛的应用。常用的经验模型有 Okumura-Hata 及 COST 231-Hata 模型。

（2）确定性模型通过理论分析方法进行推导研究，一般适用于预测半径在几百米范围内的无线电波传播情况；射线跟踪模型就是确定性模型的代表模型之一；在微蜂窝环境下，应用射线跟踪模型进行电波预测时，可得到较为精确的结果，但因运算量较大，模型对仿真硬件性能要求较高，仿真速度也相应较慢。

经验模型与确定性模型的优缺点及适用范围如表 5-1 所示。

表 5-1　无线电波传播模型

模　型　分　类	适　用　范　围	优　　点	缺　　点
经验模型	预测半径大于 1km 的宏蜂窝环境	对地图要求低，仿真速度快	精度相对较低
确定性模型	预测半径在几百米范围内的微蜂窝环境	精度相对较高	5m 以上精度三维地图，仿真速度慢

混合模型本书不予介绍。

5.3.1　UMa 模型

UMa 模型是 5G 宏站场景的经验模型。用于计算宏站和终端之间的路损，适用于密集城区和郊区场景。3GPP 定义的 UMa 模型主要适用于 6～100 GHz 之间频段，如表 5-2 所示。

表 5-2　UMa 模型

模　　型		路径损耗[dB]，f_c(GHz)，d(m)	阴影衰落（dB）	适用范围/天线高度默认值
UMa	LOS	$PL_{\text{UMa-LOS}}=\begin{cases}PL_1 & 10\,\text{m}\leqslant d_{2D}\leqslant d'_{BP}\\ PL_2 & d'_{BP}\leqslant d_{2D}\leqslant 5\,\text{km}\end{cases}$, $PL_1=32.4+20\lg(d_{3D})+20\lg(f_c)$ $PL_2=32.4+40\lg(d_{3D})+20\lg(f_c)-10\lg((d'_{BP})^2+(h_{BS}-h_{UT})^2)$	$\sigma_{SF}=4$	$1.5\,\text{m}\leqslant h_{UT}\leqslant 22.5\,\text{m}$ $h_{BS}=25\,\text{m}$
	NLOS	$PL_{\text{UMa-NLOS}}=\max(PL_{\text{UMa-LOS}},PL'_{\text{UMa-NLOS}})$ for $10\,\text{m}\leqslant d_{2D}\leqslant 5\,\text{km}$ $PL'_{\text{UMa-NLOS}}=13.54+39.08\lg(d_{3D})+20\lg(f_c)-0.6(h_{UT}-1.5)$	$\sigma_{SF}=6$	$1.5\,\text{m}\leqslant h_{UT}\leqslant 22.5\,\text{m}$ $h_{BS}=25\,\text{m}$
		Optional PL$=32.4+20\lg(f_c)+30\lg(d_{3D})$	$\sigma_{SF}=7.8$	—

UMa 传播模型中涉及的关于距离和高度的参数定义，如图 5-6 所示。

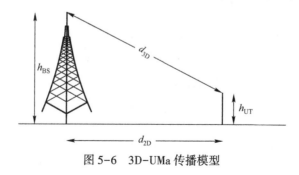

图 5-6　3D-UMa 传播模型

h_{UT} 代表为 UE 的实际高度，h_{BS} 为基站的实际高度，f_c 为载波中心频率，d_{2D} 为基站与 UE 的地面水平距离，d_{3D} 为基站与 UE 的空间距离。

5.3.2　RMa 模型

RMa 模型是 5G 宏站场景的经验模型。用于计算宏站和终端之间的路损，适用于农村广覆盖场景。3GPP 定义的 RMa 模型主要适用于 6~100 GHz 之间频段，RMa 模型的主要参数设置，如表 5-3 所示。

模型中的 W（平均街道宽度）、h（平均房屋高度）为场景化定制参数。若客户无明确要求，可以参考表 5-4 取值。

表 5-3　RMa 模型

模　型		路径损耗(dB)，f_c(GHz)，d(m)	阴影衰落（dB）	适用范围/天线高度默认值
3D-RMa	LOS	$PL_1 = 2\lg(40\pi d_{3D} f_c) +$ $\min(0.03h^{1.72},10)\lg(d_{3D})$ $-\min(0.044h^{1.72},14.77)+0.002\lg(h)d_{3D}$ $PL_2 = PL_1(d_{BP})+40\lg(d_{3D}/_{BP})$	$\sigma_{SF}=4$ $\sigma_{SF}=6$	$h_{BS}=35$ m $h_{UT}=1.5$ m $W=20$ m $h=5$ m $h=$平均建筑高度 $W=$街道宽度 适用范围： 5 m$<h<50$ m 5 m$<W<50$ m 10 m$\leqslant h_{BS}<150$ m 1 m$<h_{UT}<10$ m
	NLOS	$PL = 161.04-7.1\lg(W)+7.5\lg(h)$ $-(24.37-3.7(h/h_{BS})^2)\lg(h_{BS})$ $+(43.42-3.1\lg(h_{BS}))(\lg(d_{3D}-3)+20\lg(f_c)$ $-(3.2(\lg(11.75h_{UT}))^2-4.97)$	$\sigma_{SF}=8$	

表 5-4　RMa 模型 W/h 取值建议

模　型	h(m)	W(m)
农村	5	50

5.3.3　UMi 模型

UMi 模型 5G 小站场景的经验模型。用于计算微站和终端之间的路损，适用于密集城区和城区场景。3GPP 定义的 UMi 模型主要适用于 6~100 GHz 之间频段，UMi 模型的主要参数设置，如表 5-5 所示。

表 5-5　3GPP 传播模型

模　　型		路径损耗[dB]，f_c(GHz)，d(m)	阴影衰落（dB）	适用范围/天线高度默认值
UMI-Street Canyon	LOS	$PL_{\text{UMi-LOS}} = \begin{cases} PL_1 & 10\,\text{m} \leqslant d_{2\text{D}} \leqslant d'_{\text{BP}} \\ PL_2 & d'_{\text{BP}} \leqslant d_{2\text{D}} \leqslant 5\,\text{km} \end{cases}$ $PL_1 = 32.4 + 21\lg(d_{3\text{D}}) + 20\lg(f_c)$ $PL_2 = 32.4 + 40\lg(d_{3\text{D}}) + 20\lg(f_c)$ $\quad -9.5\lg((d'_{\text{BP}})^2 + (h_{\text{BS}} - h_{\text{UT}})^2)$	$\sigma_{\text{SF}} = 4$	$1.5\,\text{m} \leqslant h_{\text{UT}} \leqslant 22.5\,\text{m}$ $h_{\text{BS}} = 10\,\text{m}$
	NLOS	$PL_{\text{UMi-NLOS}} = \max(PL_{\text{UMi-LOS}}, PL'_{\text{UMi-NLOS}})$ for $10\,\text{m} \leqslant d_{2\text{D}} \leqslant 5\,\text{km}$ $PL'_{\text{UMi-NLOS}} = 35.3\lg(d_{3\text{D}}) + 22.4$ $\quad +21.3\lg(f_c) - 0.3(h_{\text{UT}} - 1.5)$	$\sigma_{\text{SF}} = 7.82$	$1.5\,\text{m} \leqslant h_{\text{UT}} \leqslant 22.5\,\text{m}$ $h_{\text{BS}} = 10\,\text{m}$

5.3.4　射线追踪模型

射线跟踪（Rayce）模型不同于 UMa、RMa 等传统经验模型，射线跟踪模型没有固定经验公式，而是通过对无线信号传播路径的跟踪，评估发射端到接收端的路径长度与路径损耗。其作为一种高精度的规划仿真传播模型，适用于在大中型城市重点覆盖区域的规划方案仿真。

射线跟踪模型的基本原理为几何绕射理论（Geometric Theory of Diffraction）以及标准衍射理论（Uniform Theory of Diffraction）。根据标准衍射理论，高频率的电磁波远场传播特性可简化为射线（Ray）模型。因此射线跟踪模型实际上是采用光学方法，考虑电波的反射、衍射和散射，结合高精度的三维电子地图（包括建筑物矢量及建筑物高度），对传播损耗进行准确预测。由于在电波传播过程中影响的因素过多，在实际计算预测中无法把所有的影响因素都考虑进去，因此需要简化传播因素；射线跟踪算法把建筑物的反射简化为光滑平面反射、建筑物边缘散射以及建筑物边缘衍射。

由于全 3D 方向传播路径复杂，且经过多重发射、衍射及散射后，信号衰减较大，因此在实际射线跟踪模型应用中，往往将复杂的全 3D 方向简化为水平和垂直两个切面，预测其传播路径。

对于水平切面电波传播路径，通常采用"镜像方法"进行路径确定，研究重点为主要反射路径及主要衍射路径。反射指在传播过程中电波从发射源向四周传播时，在建筑物墙体反射向其他方向传播的现象，如图5-7所示。

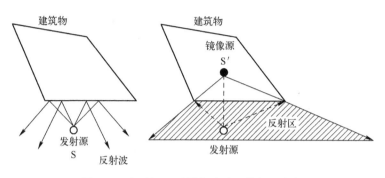

图5-7　水平切面反射电波及反射范围确定

从图5-7中可以看出，射线跟踪模型简化了墙体反射，认为反射近似于"光滑平面反射"。首先将建筑物墙体视为镜面，得到发射源S的镜像S′，然后通过镜像S′与墙体边缘的连线，确定发射源的反射信号覆盖区域（图5-7中斜线阴影区域）。对于水平切面的二重反射，反射波的确定过程如下，首先根据一次反射墙体，确定一次反射区域，然后根据二次反射墙体，得到镜像源S′的镜像源S″。根据镜像S″与二次反射墙体边缘的连线，确定发射源的二次反射信号覆盖区域（图5-7中方格阴影区域）。对于水平切面的多重反射信号确定，可参考水平切面的二重反射方式确定。

之所以称为射线追踪模型，是由于模型综合反射范围及衍射范围，跟踪射线在每个反射点、衍射点等的线路传输，最终到达目标点的线路，从而准确评估路径损耗的方法。

如图5-8所示，根据建筑物1的楔形边缘，确定发射源S的衍射点D；据建筑物1的墙体反射面，得到衍射点D的镜像源S′；根据建筑物2的墙体反射面，得到镜像源S′的镜像源S″；根据接收点R与镜像源S″之间的连线，得到传播路径L4；根据镜像源S′与L4在建筑物2上的反射点P2，得到传播路径L3；根据衍射点D与L3在建筑物1上的反射点P1，得到传播路径L2；根据发射源与衍射点D之间的连线，得到传播路径L1；最终确定发射源与接收点之间的主要传播路径为L1+L2+L3+L4。

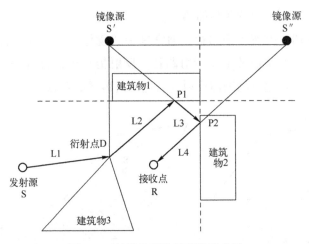

图 5-8　射线传播路径跟踪示意图

5.3.5　O2I 场景建模

O2I 路径损耗由 UE 的位置决定，但总的来讲，由室外空间损耗部分、建筑物穿透损耗、室内损耗、穿透损耗标准差构成。

$$PL = PL_b + PL_{tw} + PL_{in} + N(0, \sigma_P^2)$$

其中 PL_b 代表室外空间损耗；PL_{tw} 代表建筑物穿透损耗；PL_{in} 代表室内损耗（与室内深度相关）；σ_p 代表穿透损耗标准差。

基于当前对于高频下材质的穿透能力测试结果，对于镀膜/夹层玻璃+混凝土等综合材质为主的普适性场景，28 GHz 频段室外打室内的覆盖方案基本不可行；对于普通玻璃窗户占较大面积（占比>30%）的特殊场景，28 GHz 频段具备一定的室外打室内能力，可进行部分室内覆盖。

5.4　高频传播特性分析

相比 2G/3G/4G 现有低频段，高频段最大的差异就是传播特性的差异。高频信道传播在 LOS（Line-of-sight）场景下随频率的增加，路损显著增加。根据自由空间损耗公式计算，频段从 2 GHz 提高到 28 GHz、39 GHz 或 70 GHz，额外的路径损耗为 22.9 dB、25.8 dB、30.9 dB；对于 NLOS（Non Line-of-sight）场景，由于高频段波长相比低频更短，绕射能力更弱；这些都将导致 5G 需要更高的天线增益、更大的天线阵列尺寸及更复杂 MIMO 技术来弥补空间路径上的传播损耗。

同时，高频相比低频，还需额外考虑不同材质的穿透损耗、植被损耗、人体损耗，大气及其他损耗等影响。

5.4.1 链路损耗

相比传统蜂窝网络，高频移动通信特别是 Above 6G 频段，因其无线信号的衍射和反射能力弱，链路损耗也更大。3GPP 定义 UMa（城区宏站模型）、RMa（郊区宏站模型）和 UMi（小站模型）等传播模型，这些模型适用于 6 GHz 以上到 100 GHz 之间的高频段。

如图 5-9 所示，在 LOS 场景，28 GHz/39 GHz 相比 3.5 GHz，在相同传播距离下，链路损耗将增加 16～24 dB；在 NLOS 场景，28 GHz/39 GHz 相比 3.5 GHz，在相同传播距离下，链路损耗将增加 10～18 dB。同一频段在相同的覆盖距离下，NLOS 场景相比 LOS 场景，链路损耗将增加 15～30 dB。

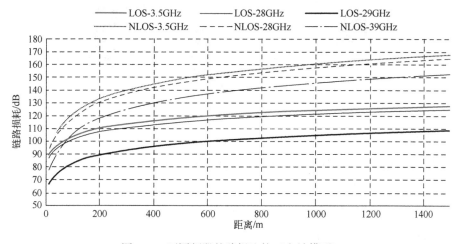

图 5-9 不同频段的路损比较（宏站模型）

5.4.2 穿透损耗

高频段的穿透损耗对于遮挡物的材质更为敏感，选择不同遮挡材质，实测各材质的高频穿透性能，如图 5-10 所示。

测试结果表明，随着频率升高穿透损耗略有上升，且不同材料穿透特性差异很大。以 28 GHz 为例，普通标准玻璃穿透损耗为 10 dB；新型镀膜（IRR）/夹层玻璃为 30 dB；综合材质的墙体为 40 dB；混凝土墙体为 60 dB。因

此对于镀膜/夹层玻璃+混凝土等综合材质为主的普适性场景而言，穿透损耗预计>40 dB，如图5-11所示。

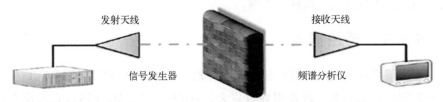

发射天线　　　　　　　　　　　　　　　接收天线

信号发生器　　　　　　　　　　频谱分析仪

图5-10　高频穿透损耗测试场景和方法

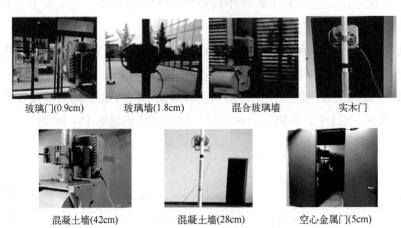

玻璃门(0.9cm)　　玻璃墙(1.8cm)　　混合玻璃墙　　实木门

混凝土墙(42cm)　　混凝土墙(28cm)　　空心金属门(5cm)

图5-11　高频下各材质的穿透性能

在进行分析高频穿透损耗时，也可以采用3GPP推荐的模型。3GPP推荐的O2I penetration loss模型，把穿透损耗区分为High loss和Low loss两种。

High loss模型公式为：

$$5-10\lg(0.7\times10^{-L_{IRRglass}/10}+0.3\times10^{-L_{concrere}/10})$$

Low loss模型公式为：

$$5-10\lg(0.3\times10^{-L_{glass}/10}+0.7\times10^{-L_{concrere}/10})$$

其中各参数取值，如表5-6所示。

表5-6　穿透损耗取值

材　　料	穿透损耗/dB
标准多窗格玻璃	$L_{glass}=2+0.2f$
红外反射玻璃	$L_{IRRglass}=23+0.3f$
混凝土	$L_{concrete}=5+4f$
木材	$L_{wood}=4.85+0.12f$

5.4.3 植被损耗

高频信道环境不可不忽略植被对信号传播的遮挡。多维度测试仿真发现，植被越茂密，其遮挡带来的损耗值越大，如图5-12所示。在做覆盖与规划分析时，28～39GHz频段下典型的植被损耗取值为17dB。

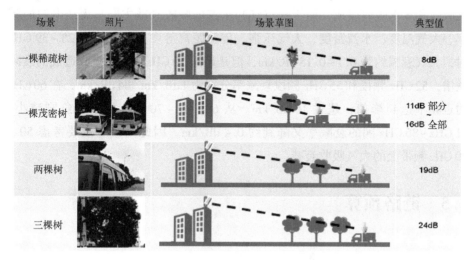

场景	照片	场景草图	典型值
一棵稀疏树			8dB
一棵茂密树			11dB 部分～16dB 全部
两棵树			19dB
三棵树			24dB

图5-12 植被损耗定点测试结果

5.4.4 人体损耗

不同于传统2/3/4G网络，因人体使用终端的方式、握姿等因素引入一定的衰减，对于高频通信，主要依赖直射路径进行无线传输，直射路径很容易受到人体的遮挡，因此同植被损耗类似，需要额外考虑在传播线路上人体遮挡对信号传播的遮挡造成的穿透损耗也需要充分考虑。典型室内LOS场景下，人体损耗测试结果为，轻微遮挡5dB，严重遮挡15dB。

5.4.5 雨衰损耗

高频需考虑降雨、降雪等因素影响，雨衰与频段和降雨率相关。同时，信号在降雨区域通过的路径越长，降雨量越大，其受到的衰减也就越大。大暴雨情况下（20mm/h），200m小区覆盖半径时，30GHz波段损失<1dB，60GHz波段损失<2dB，整体而言，对短距eMBB场景而言总体上看雨衰影响可以忽略。但在较长距离的微波通信时或较恶劣天气状况下（如WTTx

场景），在做网络规划时需要适当考虑相应余量来补偿雨衰的影响。

5.4.6 大气衰减

无线电波在大气中传播时，大气无处不在，因此还会受到来自大气吸收的衰减。大气主要成分是氮气、氧气和水汽，大气的吸收衰减主要由干噪空气吸收和水汽吸收组成，而干噪空气和水汽的吸收衰减主要与无线电波的频率、大气温度、水汽密度、大气压强、传输距离等参数有关。在 28～39 GHz 时，大气衰减约为 0.1～0.15 dB/km，但是超过 50 GHz，大气吸收造成的衰减激增，52 GHz 频段和 55 GHz 频段衰减率分别为 1 dB/km 和 4 dB/km，在 60 GHz 附近频率达到峰值，超过 15 dB/km。从 60 GHz～70 GHz 吸收率急剧减小。71 GHz～86 GHz 间的衰减率又降到约 0.4 dB/km。因此高频应主要考虑 50～70 GHz 频带上的大气吸收衰减。

5.5 链路预算

5.5.1 链路预算流程

链路预算是网络规划中的一个重要环节，基于小区与终端允许最大路径损耗，得到小区的覆盖半径，宏观估算规划区域内站点规模。链路预算是对收发信机之间信号传递过程中的各要素损益进行分析，获得一定场景下满足覆盖要求允许的最大传播损耗。在选用合适的路径损耗估算模型的前提下可由此获得小区覆盖能力的估计。路损＝发射功率−接收灵敏度＋增益−其他损耗−余量，下行链路预算示意图，如图 5-13 所示。

上行链路预算示意图，如图 5-14 所示。

5G 的链路预算和 3G/4G 类似，主要区别是输入参数的不同。链路预算输入参数是为得到链路最大允许路径损耗应考虑的各项关键参数。其中，发射功率、天线增益、噪声系数等因素与设备规格相关，穿透损耗、人体损耗、植被损耗等因素与规划场景相关，这些因素都是确定性的；还有一些因素是不确定的、概率性发生的，在链路预算中通常作为余量考虑，常见如干扰余量、阴影衰弱余量等。

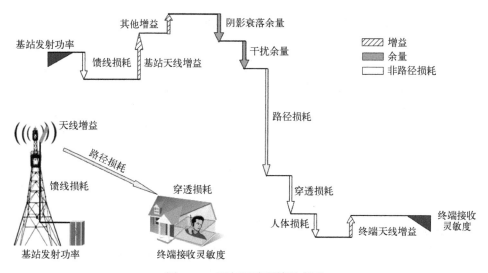

图 5-13　下行链路预算示意图

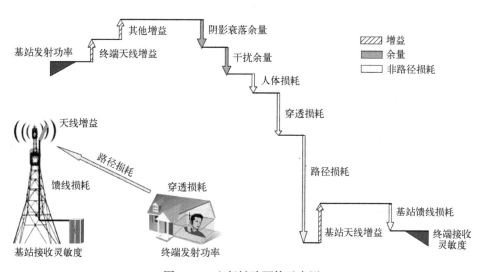

图 5-14　上行链路预算示意图

5.5.2　干扰余量

链路预算只考虑单小区和单终端，然而在实际网络中，小区下行会受到临站的干扰，上行会受到邻小区下用户的干扰，因此，通常在链路预算中考虑干扰余量需要被考虑到链路预算中。干扰余量是为克服邻区干扰导致的噪声抬升而预留的余量，其取值等于底噪抬升。5G 的干扰余量取值与要求

SINR、负载因子以及邻区干扰因子相关，计算如下。

$$IM = 10 \times lg\left(\frac{1}{1 - SINR \times Q \times f}\right)$$

其中，SINR 为边缘业务速率对应的 SINR 要求，Q 为邻区负载因子，f 为邻区干扰因子，表示邻区干扰信号强度同服务小区有用信号强度的比值。邻区干扰因子是计算干扰余量的关键输入，也是与 3G/4G 干扰余量的主要差异。

5.5.3　阴影衰弱余量

通过传播模型可以估算一定距离下的平均衰减，对于给定的距离，其传播模型估算结果也是一个定值。但在实际网络中，一个常量收发机之间可以有不同的地物类型，从而同样的距离可以穿过不同的环境导致不同的路损。信号强度中值随着距离变化会呈现慢速变化（遵从对数正态分布），与传播障碍物遮挡、季节更替、天气变化等相关。如果小区半径或站间距基于传模预测的平均路损来设计，那么小区边缘用户只有 50% 的概率能达到期望的服务质量，然而这个满足率远低于通常要求的 95% 以上的覆盖概率。在链路预算中考虑阴影衰弱余量来补偿这种概率差异。

$$阴影衰落余量 = \sigma \times Q^{-1}(1-边缘覆盖概率)$$

其中 σ 为慢衰落标准差，根据 3GPP，不同场景的慢衰落标准差如表 5-7 所示。

表 5-7　3GPP 慢衰落标准差

模　　型	场　　景	阴影衰落/dB
RMa	LOS	$\sigma_{sf} = 4$
	NLOS	$\sigma_{sf} = 8$
UMa	LOS	$\sigma_{sf} = 4$
	NLOS	$\sigma_{sf} = 6$
UMi-Street Canyon	LOS	$\sigma_{sf} = 4$
	NLOS	$\sigma_{sf} = 7.82$
InH-Office	LOS	$\sigma_{sf} = 3$
	NLOS	$\sigma_{sf} = 8.03$

以常用的 eMBB 95% 的区域覆盖率为例，Uma 模型 LOS/NLOS 场景的慢衰落余量典型值分别如表 5-8 所示。

表 5-8　3GPP Uma LOS/NLOS 慢衰落余量

场　　景	区域覆盖概率	边缘覆盖概率	慢衰落标准差	慢衰落余量
LOS	95%	85.1%	4	4.16
NLOS	95%	82.5%	6	5.6

5.6　5G 仿真规划

覆盖仿真相对于链路预算而言，加入地理化信息，输出覆盖预测图，为确定最终的站点规模提供参考。

5.6.1　网络仿真流程介绍

5G 网络仿真总体流程如图 5-15 所示。其整体流程与传统 2/3/4G 网络仿真基本相同，主要区别点在于，一方面，5G 采用了 Massive MIMO，仿真前需要导入相应天线文件，并进行波束赋形；其次，5G 仿真需考虑用户的最大流数及小区的最大配对流数等；最后，5G 仿真采用的传播模型与传统 2/3/4G 不同。

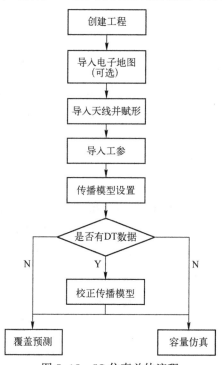

图 5-15　5G 仿真总体流程

1. 导入天线并波束赋形

获取原始的端口 3D 天线文件，文件格式如图 5-16 所示。

不同的厂商，不同的仿真软件，输出的 3D 天线方向图的坐标系是不一样的，需要把不同天线坐标系得到的方向图文件转换成仿真软件天线坐标系支持的方向图，才可以导入工具中进行使用。U-Net 天线坐标系如图 5-17 所示。

```
NAME
PORT0_P45_CO_07_000_28G_Polar(+45)Amp dB.txt
Gain
15.5
Phi     Theta   Attenuation
0       -90 32.1349
0       -89 31.6152
0       -88 31.0246
0       -87 30.3721
0       -86 29.6696
0       -85 28.931
0       -84 28.1714
0       -83 27.4065
0       -82 26.6523
0       -81 25.9251
0       -80 25.2412
0       -79 24.6175
```

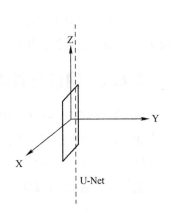

图 5-16　原始的端口 3D 天线文件格式　　　图 5-17　U-Net 天线坐标系

其中，Y 轴正方向指向天线主瓣；Phi(ϕ)为过 Z 轴的切面与 Y 轴、圆心、Z 轴形成的平面的夹角。ϕ 以 +Y 轴为起点，以俯视顺时针旋转 $0° \sim 359°$；Theta(θ)以 Y 轴的夹角为 θ。θ 夹角以 -Z 轴指向方向为起点，向 +Z 轴看去为逆时针转为 $90° \sim -90°$。

当前各 5G 设备厂家 5G AAU 设备常用的天线方向图基本为 128 测试场坐标系，如图 5-18 所示。

其中，Y 轴正方向指向天线主瓣；Phi(ϕ)为过 Z 轴的切面（棕色标记）与 Y 轴、圆心、Z 轴形成的平面的夹角。ϕ 由 +X 轴为起点，以俯视逆时针旋转 $0° \sim 359°$；Theta(θ)由圆心 O 与 P 的连线与 Z 轴的夹角为 θ。θ 夹角由 +Z 轴指向方向为起点，向 +X 轴看去为逆时针转为 $0° \sim 180°$。

天线文件准备完成之后即可导入，导入后进行波束赋形。

2. 传播模型设置

5G 的传播模型主要有以下 5 种，如表 5-9 所示。除 Rayce 为射线追踪模型外，其余均为统计性模型，可根据具体仿真场景选择适用的传播模型。

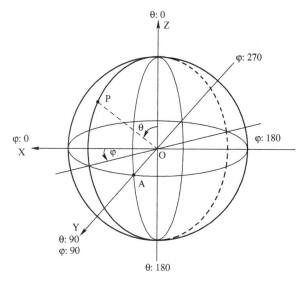

图 5-18　128 测试场坐标

表 5-9　5G 的传播模型

传 播 模 型		适 用 频 段	适 用 场 景
射线追踪模型	Rayce	All	适用于有 3D Vector 电子地图的场景。
经验统计模型	UMa	6~100 GHz	城市室外宏站，主要用于 Above6G
	UMi	6~100 GHz	城市微站场景中街道峡谷场景，主要用于 Above6G
	InH	6~100 GHz	室内场景，主要用于 Above 6G
	SPM	Sub-6 GHz	室外场景，主要用于 Sub-6G

3. 覆盖预测

覆盖预测是网络规划中最常用的评估网络覆盖的方法，通过计算链路损耗、干扰、开销等，基于栅格分析小区覆盖率、电平值、信噪比、峰值速率等各项指标，从而评价现有组网规划方案是否满足客户要求。

5G 取消了 LTE 中的 CRS 信号，取而代之的是 CRI-RS 等参考信号，当前 5G 下行主要定义了 SS RSRP、CSI RSRP、PDSCH RSRP 三种不同的 RSRP。SS RSRP 即 SS 和 PBCH 的 SSB 的 RSRP，SSB 为接收到的广播消息，主要用于 5G 空闲态和切换邻区的测量；CSI RSRP 为 CSI-RS 信号的 RSRP，用于用户在链接态的信道质量测量；PDSCH RSRP 为 PDSCH 的 DM-RS RSRP，用户在业务态测量 PDSCH RSRP，用于下行数据解调，数据流数区分等。

5G 下行 SSB 和 PDSCH Beam 与 4G 存在较大差异，如图 5-19 所示。LTE 中可通过 CRS RSRP 准确评估下行覆盖，但 5G 中用 SS RSRP 评估覆盖不完全准确，主要由于 LTE 的 CRS 和 PDSCH 都采用传统宽波束，所以可以用 CRS RSRP 近似等效 PDSCH 信道上用户的 RSRP；同时 5G 所有信道支持窄波束，SSB 采用静态波束赋形，PDSCH 采用动态波束赋形，其波束赋形特征也不尽相同，所以 SS RSRP 和 PDSCH RSRP 不能直接映射。

下行SSB和PDSCH Beam差异

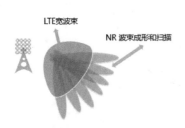

➤LTE 采用传统宽波束

➤NR 所有信道都支持窄波束

➤SSB Beam与PDSCH Beam采用不同的Beam Pattern

➤SSB Beam在18B 协议里采用8波束（16波束暂未定）

➤PDSCH Beam：

　✓若采用SRS测量，则对应精度更高的Beam

　✓若采用PMI测量，也对应有限的Beam

➤ CSI Beam采用64个静态波束（64T64R场景）

图 5-19　下行 SSB 和 PDSCH Beam 差异

覆盖预测仿真主要预测各 RS 信号的覆盖强度与 SINR 值，并进一步预测相应峰值吞吐率等指标，如表 5-10 所示。

表 5-10　覆盖预测主要支持预测的指标

上下行	指 标 名 称	指 标 说 明
下行	Best Server	主服务小区
	DL_RSRP	CSI-RS 信号电平
	DL_RS SINR	CSI-RS 信号质量
	PDSCH Signal Level	下行业务信道电平
	PDSCH SINR	下行业务信道质量
	PDSCH MAC Peak Throughput	下行业务速率
上行	Sounding RSRP	SRS 信号电平
	SRS SINR	SRS 信号质量
	PUSCH Signal Level	上行业务信道电平
	PUSCH SINR	上行业务信道质量
	PUSCH MAC Peak Throughput	上行业务速率

4. 容量仿真

容量仿真是网络规划中的一项重要工作，一般基于撒入话务进行蒙特卡洛仿真，通过基于 Throughput 生成话务地图的蒙特卡洛仿真可以实现基于不同小区的负载权重得到不同小区的用户数，进而实现基于每个小区非均等用户数的容量仿真。容量仿真中单用户数据业务覆盖强度/质量及速率考虑要素与覆盖基本一致，多个用户可通过 MU-MIMO 进行波束域的配对。当前容量仿真主要支持呈现以下指标的容量仿真结果，如表 5-11 所示。

表 5-11　容量仿真主要支持仿真的内容

维　　度	仿　真　内　容
站点	业务上行/下行 MAC 层吞吐率
	业务上行/下行应用层吞吐率
小区	上行/下行负载
	业务上行/下行 MAC 层吞吐率
	业务上行/下行应用层吞吐率
	服务/掉话用户数
用户	主服小区
	上行/下行 CSI-RS/BRS 信号强度
	业务上行/下行信道质量
	业务上行/下行 MAC 层吞吐率
	业务上行/下行应用层吞吐率

5.6.2　3D 仿真介绍

随着 5G 引入了高频频谱，传统两维经验模型仿真在密集城区、室内等场景应用更为困难，并且随着小站产品的日益丰富，未来 5G 网络规划需要更准确地识别价值点，进而进行精准的网络规划。通过立体仿真评估和规划，采用更精准的规划方法，最大化客户投资价值。相比 2/3/4G，5G 更需要 3D 仿真，在传统 2D 覆盖预测基础上，将仿真区域从传统的 2D 平面扩展到 3D，即能够仿真出建筑物内不同楼层高度下的各个仿真指标。

3D 仿真需要借助高精度 3D 数字地图模拟 3D 场景构建，通常要求 5 m 或更高进度的数字地图，同时数字地图还需要带建筑物信息。数字地图中的建筑物图层描述建筑物所处的位置、建筑物的高度以及建筑物的外轮廓。3D

数字地图中的建筑物信息主要有以下两种存储方式。一种为 Building Raster 方式，使用栅格的方式来描述建筑物，多个相连的栅格代表一个实际的建筑物实体，每个栅格包含高度信息。栅格精度通常为 5m 或者更高；一种为 Building Vector 方式，使用矢量的方式来描述建筑物，一个点坐标的集合（多边形）描述一个世纪建筑物实体外轮廓在地面的投影，每个多边形包含一个高度信息对应建筑物的高度。

3D 场景下，接收机位于室内不同楼层，与传统 2D 室外仿真在无线信号的传播环境上差异很大，无法沿用以前的传播模型。需要对以下重点建模。同时，由于高频信号的穿透损耗对不同建筑材质属性较为敏感，因此在 3D 仿真中，需对不同频率、不同材质、不同入射角度下电磁波穿透损耗进行建模，才能准确仿真出 3D 场景下用户处于不同楼层的电平。

虽然传统的 2D 传播模型也考虑接收机高度的影响，但是在 3D 场景下接收机高度差异变大，不同接收机高度下，无线信号在进入建筑物之前室外的传播环境存在很大差异，传统建模方式已无法满足。即使确定性传播模型即射线追踪模型，为保证模型的运行效率和准确性仍然针对场景进行适配和优化。因此射线追踪模型同样需要构建支持 3D 场景下的建模。

对于 3D 仿真结果，地理化渲染图像 GIS 显示需要显示系统配合 3D 引擎，并支持任意拖动、角度旋转、放缩等操作，这样才能从各个角度充分展示仿真结果。仿真结果的 3D 展示方式主要有以下两类。

（1）分层展示（Layers）即按照楼层渲染仿真结果，展示所有楼层的仿真指标。由于所有楼层同时展示时会相互覆盖影响展示效果，通常勾选个别楼层单独展示具体的仿真结果用于呈现和分析。

（2）外表面展示（Facade）即按照建筑物的外轮廓渲染仿真结果。由于仿真指标展示在建筑物外表面，无法准确获取建筑内部区域的仿真指标，通常用于整体展示，也可分别勾选展示单栋建筑物的结果。

仿真平台需要考虑在引入 3D 仿真后对工具效率和规格的影响。需要针对 3D 仿真的特点优化存储结构和计算方式来提升仿真平台的规格效率。

3D 仿真的流程主要包括工程制作、传播校正、仿真参数设置、电平 3D 分布、信号质量 3D 分布、峰值吞吐率 3D 分布、仿真结果 3D 呈现和覆盖评估，如图 5-20 所示。

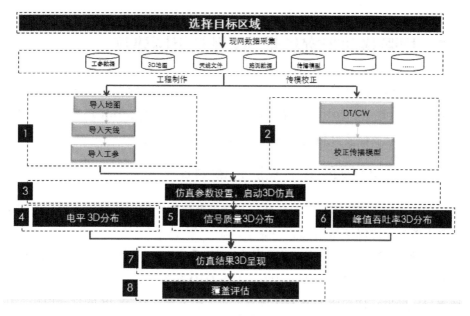

图 5-20 3D仿真的流程

根据下行电平取值范围对应相应颜色效果，然后在 3D 仿真地图上进行渲染呈现，3D 仿真效果，如图 5-21 所示。

图 5-21 3D仿真效果

5.7 增强移动带宽场景 5G 规划组网建议

5G 协议 Phase 1 阶段，重点面向 eMBB（增强移动带宽，Enhance Mobile Broad band）场景，2020 年前商用的 5G 网络主要面向 eMBB 场景，基于 5.2 节的频谱分析，C 波段和毫米波段均可用于 eMBB 场景。

5.7.1 C 波段与毫米波性能对比

以 3.5G 和 28G 分别作为 C 波段和毫米波典型频段，通过仿真评估不同站间距下各频段边缘速率情况。

如图 5-22 所示，对于 28G，其在 LOS 场景 O2O 条件下，随着站间距的增长，仍能保持较高的速率；但在 NLOS O2O 条件下，随着站间距增加边缘速率急剧降低；而对于 LOS O2I 场景，由于要克服高达 38 dB 的穿透损耗，在 30 m 的站间距下，边缘速率已趋近于 0。

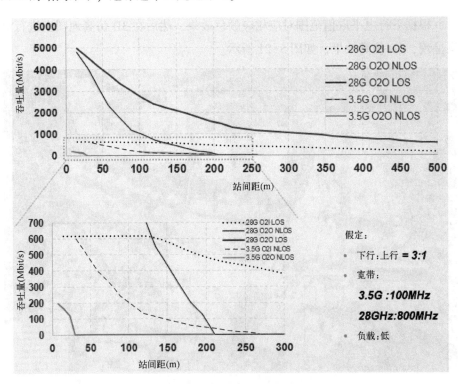

图 5-22　eMBB 组网性能

对于 3.5G，其在 NLOS O2O 条件下可保持较高的速率；而在 NLOS O2I 条件下，当 ISD 达到 300 m 左右，边缘速率趋近于 0。

从仿真结果来看，毫米波在 LOS O2O 条件下可保证较高的速率，但 NLOS O2O 尤其是 LOS O2I 场景会有较大损失；因此还需依赖 C-波段作为未来 5G 连续组网的主力覆盖频率。

5.7.2 C 波段组网覆盖能力评估

以 3.5 GHz 和 1.9 GHz 分别作为 C 波段典型频段，通过仿真评估 NR 典型场景下不同波段覆盖能力情况。

在 PBCH 采用 8 波束、PRACH 采用 format 0 或 B4、上下行干扰余量 3/8dB NR 典型组网场景下，PBCH 信道覆盖半径可以到达 270 m 左右，适用站间距约 400 m。3.5G NR 控制信道上，受限控制信道 PBCH。NR 与 LTE 覆盖能力比较，考虑传播能力后，3.5 GHz 控制信道覆盖（即接入性）与 2.6 GHz 大致相同，较 1.9 GHz 有差距，如图 5-23 所示。

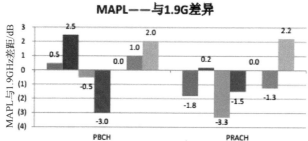

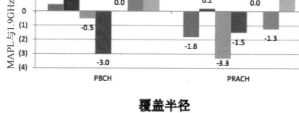

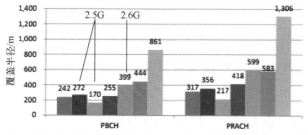

图 5-23 NR 与 LTE 控制信道对比

以下行 10 Mbit/s 速率覆盖距离为例，3.5G 与 1.9G 覆盖距离均在 300 m 左右。而 2.6G 在覆盖距离 300 m 时，速率仅为 2 Mbit/s。由于上行发射功率受限，NR 系统失去带宽优势，3.5 GHz 与 2.6 GHz 上行覆盖相近，如图 5-24 所示。3.5G NR 下行业务信道覆盖能力，在同等边缘速率（10M）下，与 1.9G 覆盖相当；上行业务信道覆盖能力，在同等边缘速率下，与 2.6 GHz 覆盖相当。

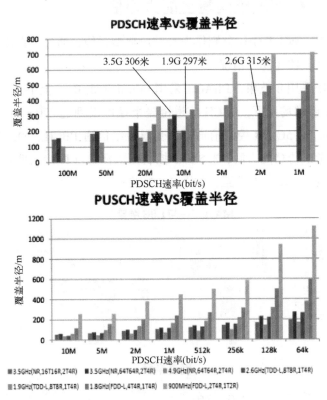

图 5-24　NR 与 LTE 业务信道对比

从仿真结果来看，3.5 GHz 覆盖与 2.6G TD-LTE 相当，较 1.9 GHz 有差距。

5.7.3　5G 高低频场景化组网建议

基于上述分析，C 波段是 5G 主力覆盖频率，毫米波由于其在 NLOS 和 O2I 场景下覆盖能力较差，不适合独立连续组网，主要作为热点区域的短距离容量补充等。未来 5G 可通过高低频混合组网合理运用各频段，如图 5-25 所示。

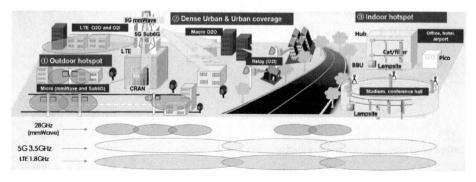

图 5-25　eMBB 场景下的总体组网解决方案

eMBB 场景组网建议，如表 5-12 所示。

表 5-12　eMBB 场景组网建议

细分场景	建议频段	建议站型	组网方案
室外热点场景	高低频联合部署	宏站、微站（接入回传一体化）	HF/LF 做 DC，在没有光纤回传条件下，小站采用无线自回传
密集城区/城区基础覆盖场景	高低频联合部署	宏站、微站、Relay	3.5G 与 LTE 共站部署，保证城区的连续覆盖；28G 主要部署在密集城区，提高部分区域的室外用户体验
室内热点覆盖场景	高低频联合部署	LampSite、Pico	针对大型场馆，采用 LampSite 覆盖；
			针对小型室内区域，采用 Pico 覆盖

1. 室外热点场景

室外热点场景组网方式，如图 5-26 所示，该场景下可以高低频联合部署，以提升用户体验和小区容量；具备光纤传输条件的，可部署 28 GHz 小站，不具备的，可部署有自回传的 28 GHz 小站；此场景下，28 GHz 很可能是非连续覆盖的，可将控制面锚定在 3.5 GHz 上，确保高可靠性和移动性性能。

2. 密集城区/城区基础覆盖场景

在密集城区（ISD100～200 m）组网方式，如图 5-27 所示，可以高低频

联合部署，通过与 LTE 共站建设的 3.5 GHz 保证 O2O 及 O2I 的连续覆盖，通过 28 GHz 保证 O2O 的连续覆盖，当需要覆盖室内时，切换至 3.5G；在城区（ISD200~500 m），主要部署 3.5G 保证 O2O 的连续覆盖，针对部分 O2I 弱覆盖区域，采用 3.5G relay 补盲。

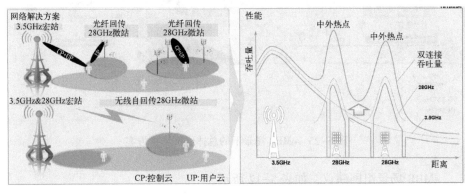

图 5-26　室外热点场景组网

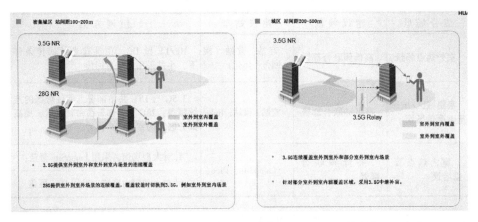

图 5-27　密集城区基础覆盖场景组网

3. 室内热点覆盖场景

室内热点覆盖场景组网方式，如图 5-28 所示，该场景对用户速率和小区容量的要求很高，针对较小室内区域如咖啡厅、小型办公室等，可以单独部署 28 GHz 或 3.5 GHz Pico；针对较大规模室内区域如交通枢纽、体育场馆、购物中心、高端写字楼等，可以高低频联合部署 LampSite。

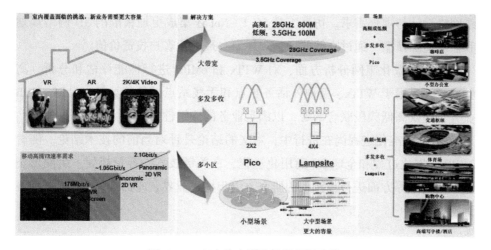

图 5-28　室内热点覆盖场景组网建议

5.8　总结

　　为满足多样化的业务需求，5G 网络将在帧结构、多址接入、信道编码、频谱和架构演进等方面进行全面的创新，对 5G 组网与规划提出巨大的挑战。

　　5G 标准提速，市场在加速。为支撑 2017 年第一波 5G 商用网络部署，网规团队已经在 5G 高低频传播特征、传播模型、频谱规划、覆盖规划、场景化组网设计等方面展开深入的研究，并与业界积极进行组网与规划方面的交流和探讨。

　　（1）传播特性及模型方面，对高频的不同材质穿透损耗、植被损耗、绕射反射损耗、人体损耗等进行实地的测试和研究，并在 3GPP 推荐的 UMa/UMi 模型基础上，对高低频模型进行部分场景的校正，后续将提出经验传播模型。

　　（2）频谱规划方面，5G 频谱规划需要综合考虑高低频段的不同传播特性，频谱的全球协同和 5G 的多场景差异化的业务需求。将高低频段相互结合，6 GHz 以下频谱作为 5G 的核心频段，同时积极谋求 6 GHz 以上的补充频谱，将是未来频谱规划和发展的趋势。

　　（3）覆盖规划方面，链路预算和网络仿真原型工具，能够支撑初步的无

线网络设计与规划需求。仿真工具 5G U-Net 还集成更加精准的 3D 网络规划和射线追踪模型，通过立体的评估和规划，最大化客户投资价值。

（4）场景化组网分析方面，对 WTTx 和 eMBB 进行性能评估和分析，高频毫米波适用于 WTTx、室内外话务热点和无线站点回传等场景。针对 eMBB 业务，建议高低频段联合部署，以满足业务的连续性要求。

5G 的标准化进程尚在进行中，本文的结论是针对当前的技术结论。随着 3GPP 标准化进程和全球 5G 商用化进程，在关键技术，容量规划、组网形态和应用场景等方面进行更深入的研究，逐步构建业界领先的 5G 网络规划和咨询能力。

第 6 章

5G 三大应用场景与典型用例

从 2G 到 4G，移动通信主要是解决人与人之间的通信。到 4G 时代，可以打电话、看视频、玩游戏、微信聊天、传图片。从这个角度讲，4G 已经能很好地满足人们的移动互联网需求。许多消费者都会有疑问，4G 还未完全体验，5G 又将到来，移动通信更新换代的步伐是否太快？而且现在许多厂商将 5G 与万物互联联系起来，5G 将是物联网关键核心技术。但一些运营商认为，5G 的作用被夸大其词。为什么要建 5G 网络，5G 的杀手级应用是什么？

杀手级应用是每一代移动网络升级都存在的问题，除 2G 时代，语音业务是刚需之外，3G/4G 都没有找到一个杀手级业务。什么会是 5G 的杀手级应用，如 VR、车联网等。

5G 相对于前几代通信技术是一个重要转折点。5G 离不开网络架构的变革、终端形态的多样化以及智能互联的万物。5G 也是 ICT 产业发展的一个重要转折点，纵观过去 30 年 ICT 行业的发展，IT 和 CT 其实一直是两条平行线式的发展，IT 沿着计算的道路飞速发展，追求的是运算能力的提升，反映到产品上是不断提高计算机的 CPU 处理能力。而 CT 追求的是通信的带宽、频率的利用率。

1G 到 4G 的时代，通信和计算是分开的。而 5G 时代，计算和通信能力是可以相互通用的。5G 作为关键的技术点，需要找到通信和计算的最佳平衡点。

5G 网络增加许多新功能，诸如内容分发网 CDN 等，通过计算解决通信问题。5G 网络除了具有通信功能，更重要的是具备计算和存储功能，因此已经不再是完全的通信网，有人称之为信息网。今后的信息网是集通信、计算和存储"三位一体"的网络。所以说，5G 拥有一个比通信行业广泛得多的生态系统，将促进形成一个全球化的横向产业链。

5G 是一个起点，它是通信和计算的融合。只是一个开始。以终端为例，现在之所以称终端为"终"端，是因为通信到此为止。而今后，终端将不是"终"端，而是新一代通信的起点，是新一代移动通信的一个节点。对此，有专家认为依托越来越强大的云计算技术和日渐成熟的物联网环境，未来终端将通过"腾云驾物"实现更多功能。借助云计算，终端智能化得到更好的发挥。移动终端嵌入传感器，通过与物联网的结合，赋予终端更多的智能。

所以说，5G 将开启一个全新的时代，这个时代，不是只是通信的时代，也不是只是计算的时代，而是通信与计算融合的时代，两条曾经的平行线合二为一。对于任何一个 ICT 产业链上的企业，5G 时代都将是一个转折点，关键在于如何把握通信能力与计算能力的融合。

5G 标准已经定义三大场景，eMBB、mMTC 和 URRLLC。eMBB 对应的是 3D/超高清视频等大量流移动业务宽带；mMTC 对应的是大规模物联网业务；URLLC 对应的是如无人驾驶、工业自动化等需要低延时高可靠连接的业务。

未来 5G 业务应用也将与上述三大场景相关，又可细分为大视频、智慧城市、工业 4.0、自动驾驶、远程医疗等。全面应用 5G 业务，可以极大满足人们的休闲娱乐需求；打造智慧城市，为人们的衣食住行等多方面提供多方位的实时监控；推动工业 4.0 进程，大连接、多业务，实现百亿级终端连接；打造自动驾驶的道路新生态系统，减少驾驶中的人力介入和事故发生，提高出行效率；远程医疗技术，改善公共健康及卫生医疗条件，提供远程诊断、远程手术等，如图 6-1 所示。

图 6-1　未来 5G 业务应用场景细分

6.1　移动宽带

6.1.1　高清视频

随着移动互联网的快速发展、智能终端的普及和现代产业链的驱动，视频业务呈现快速增长趋势，移动视频业务在运营商的业务比重中已经趋近 50% 并仍将快速增长，与此同时，基于虚拟现实 VR、增强现实 AR 终端的移动漫游沉浸式的业务正逐渐向增强型移动宽带业务的方向发展。可以预见，

从4K/8K超高清视频到随时随地的移动漫游沉浸式体验类业务，对通信管道的连接需求强劲，将成为5G的早期杀手应用，并驱动5G的快速发展。

5G技术的应用带来移动视频点播/直播、移动高清手机游戏、移动高清视频通话、移动高清视频监控、移动高清会议电话的快速普及。

移动视频业务流量快速增长，视频将成为运营商的基础业务，截至2016年，移动视频业务在运营商的业务统计中占比已经超过48%，如图6-2所示。随时随地的移动高清视频体验，对于网络的吞吐率和容量都提出更高的要求。

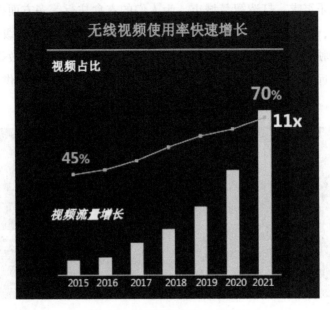

图6-2　移动视频业务占比统计

随时随地漫游沉浸式体验逐渐普及，信息应用进入以视觉输入为主导的年代，业务类型从满足办公需求向着满足人们的生活品质的方向发展。全景视频随时随地的拍摄与分享，以及移动漫游沉浸式体验，对网络的吞吐率、端到端时延、容量都提出严格要求。

应用向云端迁移，移动办公、互动娱乐以及游戏类大量应用将部署在云端的服务器，需要网络空口性能提升的同时，也需要网络架构的云化演进，从架构形态上保障数据传输和通信的高速可靠性。

移动视频大流量的需求都需要大宽带、低时延的5G网络来支撑。

6.1.2　VR/AR

VR（Virtual Reality）即虚拟现实。VR 是利用电脑模拟产生一个三维空间的虚拟世界，提供使用者关于视觉、听觉、触觉等感官的模拟，让使用者如同身历其境一般，可以及时、没有限制地观察三度空间内的事物，如图 6-3 所示。

图 6-3　身临其境的 360°全景视频

简而言之，VR 设备是放置于你脸上的一个屏幕。开启设备后，通过欺骗你的大脑，让用户感觉自己正身处一个完全不同的世界，例如太空中的飞船上，或者摩天大楼的边缘。该设备可以让你置身于实况篮球比赛的现场或者躺在沙滩上享受日光浴。

AR（Augmented Reality）即增强现实 AR 通过电脑技术，将虚拟的信息应用到真实世界，真实的环境和虚拟的物体实时地叠加到同一个画面或空间同时存在。

典型 AR 应用如 Microsoft HoloLens 全息眼镜，可以投射新闻信息流、收看视频、查看天气、辅助 3D 建模、协助模拟登录火星场景、模拟游戏。AR 设备将虚拟和现实结合起来，并实现更佳的互动性。使用者可以很轻松地在现实场景中辨别出虚拟图像，并对其发号施令，如图 6-4 所示。

虚拟现实（VR）与增强现实（AR）是能够彻底颠覆传统人机交互内容的变革性技术。变革不仅体现在消费领域，更体现在许多商业和企业市场中。VR/AR 需要大量的数据传输、存储和计算功能，这些数据和计算密集型任务如果转移到云端，就能利用云端服务器的数据存储和高速计算能力。同时云VR/AR 将大大降低设备成本，提供人人都能负担得起的价格。

图 6-4　增强现实 AR

　　VR/AR 未来演进的 5 个阶段，如图 6-5 所示，阶段 0/1 主要提供操作模拟及指导、游戏、远程办公、零售和营销可视化服务；阶段 2 主要提供空间不断扩大的全息可视化，高度联网化的公共安全 AR 应用；阶段 3/4 主要提供基于云的混合现实应用。

云VR/AR演进5阶段

	阶段0/1		阶段2		阶段3/4	
VR应用及技术特点	**PC VR**	**Mobile VR**	**Cloud Assisted VR**		**Cloud VR**	
	游戏、建模	360 视频、教育	沉浸式内容、互动式模拟、可视化设计		超高体验的游戏和建模实时渲染 / 下载	
	（本地渲染，动作本地闭环）	（全景视频下载，动作本地闭环）	（动作云端闭环，FOV（+）视频流下载）		（动作云端闭环，云端 CG 渲染，FOV（+）视频下载）	
AR应用及技术特点	**2D AR**		**3D AR/Mixed Reality**		**Cloud MR**	
	操作模拟及指导、游戏、远程办公、零售、营销可视化		空间不断扩大的全息可视化，高度联网化的公共安全 AR 应用		基于云的混合现实应用，用户密度和连接性增加	
	（图像和文字本地叠加）		（图像上传，云端响应多媒体信息）		（图像上传，云端图像重新渲染）	
连接需求	以 Wi-Fi 连接为主	4G和Wi-Fi 内容为流媒体 20 Mbit/s + 50ms时延要求	4.5G 内容为流媒体 40 Mbit/s + 20ms时延要求		5G 内容为流媒体 100 M～9.4 Gbit/s + 2～10ms时延要求	

图 6-5　VR/AR 连接需求及演进阶段

　　AR/VR 需要更高的速率和容量，普通体验速率需求为 48.94 Mbit/s，极致体验速率需求为 1.29 Gbit/s，如图 6-6 所示。

　　提到 VR/AR 应用，最常见的是娱乐与游戏，如风靡一时的 Pokemon Go 手游，该产品由 Nintendo（任天堂）、The Pokemon Company（口袋妖怪公司）

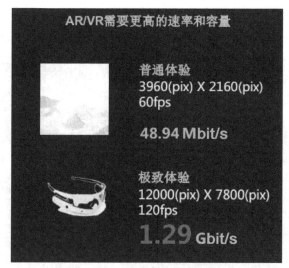

图 6-6　AR/VR 的速率和容量需求

和谷歌 Niantic Labs 公司联合制作开发，其中口袋妖怪公司负责内容支持，设计游戏故事内容；Niantic 负责技术支持，为游戏提供 AR 技术；任天堂负责游戏开发和全球发行。玩家可以通过智能手机在现实世界里发现精灵，对其进行抓捕或与其战斗。玩家作为精灵训练师抓到的精灵越多会变得越强大，从而有机会抓到更强大更稀有的精灵。

　　该产品于 2016 年 7 月 7 日在澳大利亚、新西兰区域首发。自发布以来，迅速风靡全球。全球范围内，Pokemon Go 形成多次大规模的游戏集会，如图 6-7 所示。

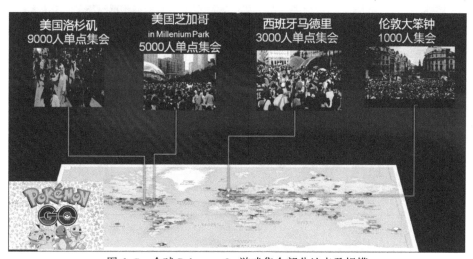

图 6-7　全球 Pokemon Go 游戏集会部分地点及规模

2016 年巴西奥运会闭幕式上，东京作为下一届的举办城市，利用 AR 技术展示了奥运会的竞赛项目，给全球观众带来了一场视觉盛宴，如图 6-8 所示。

图 6-8　2016 年巴西奥运会闭幕式利用 AR 技术展示奥运竞赛项目

在企业产品营销方面，AR 技术也逐步成为促进企业产品销售的一种利器，能够使消费者获得更直观的体验。在 AR 的世界里，曾经的品牌和产品宣传将慢慢减少，互动和服务将逐渐增多。例如产品的试用，Topshop、De Beers 和 Converse 等品牌都在使用 AR 让消费者试穿和试用衣服、珠宝或者鞋子，如图 6-9 所示。Shiseido 和 Burberry 进一步把增强现实应用到化妆品试用上。

图 6-9　消费者利用 AR 技术试穿衣服

VR/AR 不仅仅是娱乐与游戏，同时还在改变传统商业和教育模式。预计到 2025 年，VR/AR 的市场规模超 1800 亿美元，B2C 视频及游戏类占比 54%。借助 5G 网络，可以满足无线 VR 所需的大流量和小时延要求。

医疗保健和教育应用领域的业务占比达 17%，其社会价值已经凸显出来，如图 6-10 所示。医疗保健上，可以实现恐惧症治疗、虚拟拜访医生、医生助手、提升患者护理等功能；教育上，可以实现加强师生互动、激发学习兴趣、提升学习效率等效果，如图 6-11 所示。

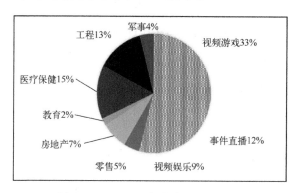

图 6-10　VR/AR 各类应用业务占比

图 6-11　VR/AR 在医疗保健和教育应用领域的价值

运营商发力，全力拓展在 VR/AR 领域的商业机会，连接、平台、内容和社交，如图 6-12 所示。KT 推出全球首个 IPTV VR 业务，并在 2018 冬奥会推出 5G VR Live 业务。法电 &EON 在毛里求斯推出 VR 教育 APP，在欧洲市场推出自有品牌头盔和 APP。还有 BT Sport 英超赛事 VR 直播、德电 360 演唱会直播、AT&T DirectTV BKB 重量级拳击 VR 直播。Verizon "VR 融合通信"，

VR 与语音通信融合、VR 空间接听电话，并最大力度推广，赠送 20 万部 VR
眼镜。

图 6-12　运营商 VR 应用服务

6.2　超可靠机器类通信

6.2.1　移动医疗

移动医疗指借助移动网络技术的使用，实现预防、咨询、诊疗、康复、
保健等全流程的医疗健康服务体系。随着人们的生活质量与健康意识的不断
增强，及时、准确、便利的移动医疗健康服务日益受到人们的关注。据美国
市场研究公司 Grand View Research 的研究报告显示，预计到 2020 年，全球移
动医疗健康市场的规模将达到 491 亿美元。

1. 移动医疗的驱动力

全球医疗资源短缺情况，不容乐观，世界范围内共缺少 430 万名医生和
2730 万名护士。移动医疗应对全球医护短缺，建立医患无线连接、打破空间
限制、平衡社会医疗资源，每天可节省医生 20% 的查房时间。目前移动医疗
主要的应用以健康监控为主，国内远程医疗市场将呈快速增长，如图 6-13
所示。

移动医疗将通过 5G 网络提供以病患为中心的移动医疗健康服务。

效率与共享。移动医疗利用先进的无线通信技术和信息处理实现高效便
捷的医疗诊断，并有效优化医疗资源配置，连接医院信息孤岛，现有分散的
医务资源、医疗终端、医疗数据将获得资源共享，极大提高医疗系统效率、
简化就医流程并提升医疗体验。

医疗服务无处不在。随着通信技术的不断创新，未来将受益于 5G 网络技

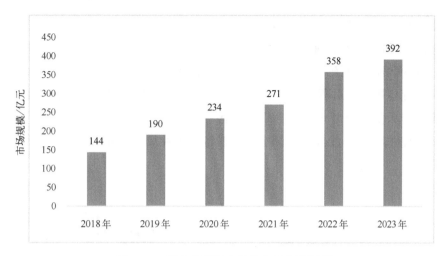

图 6-13　国内远程医疗行业市场规模预测

术先进的连接能力、整合移动性与大数据分析的平台能力，医生将使用更多的技术手段实现对病人的实时监测和远程诊治。病人也将通过 5G 网络实现随时随地的可穿戴医疗、远程监控和诊断，方便快捷的传输个体健康体征数据、辅助各项医疗诊治项目的开展。健康监测与诊断无处不在，提高医疗效率的同时，也降低了医疗服务的成本。全球移动通信协会和麦肯锡的联合研究发现，在世界经济合作与发展组织和金砖四国中，通过远程医疗每年可节约 210 亿美金，如糖尿病的远程监控可以为病人节约至少 15% 的治疗成本。

2. 移动医疗的技术需求

100% 无处不在的覆盖、Gbit/s 级别的速率、5～30 ms 级别的时延和易用性是移动医疗的四大技术需求。

（1）100% 无处不在的覆盖。医疗监测诊疗和护理关乎生命健康，要求无处不在、体验一致的网络覆盖，尤其室外在途环境的紧急诊疗场景。

（2）Gbit/s 级别的速率。远程视频医疗、基于虚拟现实的机器人手术对 5G 的带宽提出了高达 Gbit/s 的要求。

（3）5～30 ms 级别的时延。据研究报道，人体在接受机器人手术过程中，超过 200 ms 将影响手术性能，超过 250 ms 手术将很难进行。除去机器设备引入的 180 ms 的固有时延外，通信连接的时延范围需要控制在 0～20 ms 以内。

（4）易用性。医疗系统通过租赁运营商网络的方式，降低医疗系统网络自建的投资和运维成本。并通过运营商的公共网络达到随时随地、室内室外

的医护体验一致性。

3. 移动医疗的应用场景

5G 网络的短时延特性可满足实时医疗操作类应用。未来，无线网络使能多种医疗应用，如远程医疗、远程手术、可穿戴医疗、预防与监控、临床医疗监护与医院资产管理等。医疗云为医疗应用提供存储和计算资源。4.5G/5G 提供医疗设备与云端 AI、医疗设备与远程控制中心的连接，如图 6-14 所示。

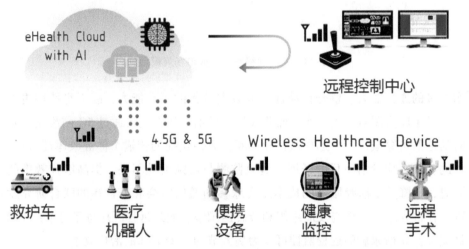

图 6-14　无线网络使能多种医疗应用

（1）远程医疗

基于在线视频、虚拟现实技术手段实现远程诊断、远程影像会诊、远程监护等。在应急、抗震救灾等紧急场景中，通过现场安装的无线远程影像工作站与后方医院无缝连接，借助现场医学影像数据信息设计抢救方案并指导现场医疗救助。

（2）远程手术

在病人行动受限的紧急室外场景或急救途中，借助虚拟现实、增强现实等技术手段实现远程机器人手术。

（3）可穿戴医疗、预防与监控

医疗可穿戴设备随时随地测量收集与上报血压、血糖、心电等健康体征数据，实现对身体隐患的早期发现和治疗以及慢性病进行早期监控。

（4）临床医疗监护与医院资产管理

利用移动终端设备实现移动查房、病人跟踪监护、医疗设备与资产的跟踪定位管理。

5G使能要求最为苛刻的实时操作应用，如远程内窥镜和远程超声，如图6-15所示。

远程内窥镜

阶段	数据速率	时延
阶段1: 光学内窥镜	12Mbit/s	35ms
阶段2: 360° 4K + 触觉	50Mbit/s	10ms

远程超声

阶段	数据速率	时延
阶段1: 半静态, 触觉	17Mbit/s	10ms
阶段2: AI辅助视觉, 触觉反馈	23Mbit/s	10ms

图6-15 5G使能远程内窥镜和远程超声

医疗实时操作应用，要求带宽和时延同时达到要求，实时操作过程中的高清视频和医疗图像需要高达100 Mbit/s的带宽，触觉反馈需要和图像达到高度的同步，时延要低于10 ms。如图6-16所示，慕尼黑工业大学无线远程内窥镜系统，医生使用控制台设备远程内窥镜将病人体内的图像通过网络传输给远端医生，是远程手术的基础。5G网络能够为远程医疗应用提供所需的高带宽、低时延，高可靠网络服务。

图6-16 慕尼黑工业大学无线远程内窥镜

移动医疗的普及制约于政府监管、医疗专业技术门槛和现有无线通信连接能力。移动医疗器械的引入需要临床测试和国家认证，医疗硬件产品如可穿戴设备的推广在早期存在公众接受度的问题。同时，涉及生物化学专业医护的技术和操作也给移动医疗的普及设置了技术门槛。因此5G在移动医疗场景中的应用将从小规模应用开始推广，如以远程视频问诊、数字化医疗影像、可穿戴医疗设备等易被接受的场景化应用为早期的切入点。

医疗系统的信息化变革在提高服务效率、提升服务体验方面体现出重要作用。未来的医疗市场也将变得更加开放，随着5G技术的日益成熟，数据处理能力不再是制约移动医疗普及的主要因素。基于5G网络的移动医疗系统的场景化应用将快速推广，包括预测诊断、医护康复等医疗场景都将呈现规模化增长。

基于5G技术的移动医疗不仅带来一场由技术引发的医疗革命，同时也将改变人们传统就医方式和对待健康的思维习惯，从排队挂号到足不出户，从患病治疗走向病前预防。通信技术手段升级的医疗服务让这一切得以实现。5G技术将实现人人享有及时便捷的医疗服务愿景，并显著提升医疗服务系统的整体效率。

6.2.2 服务机器人

服务机器人是一种半自主或全自主工作的机器人，它能完成有益于人类健康的服务工作，但不包括从事生产的设备。服务机器人的应用范围很广，主要从事维护保养、修理、运输、清洗、保安、救援、监护等工作。

1. 服务机器人的驱动力

从刀耕火种到现代社会，人类文明的迭代进步无不浸润着对智慧的追求。作为智能技术的一个分支，机器人科技是自动化技术的更高级阶段。其产业化将改变人类生产与生活方式，并重塑生产与服务的关系。如图6-17所示，到2050年，全球老龄人口将达到2亿，需照顾的人口不断增加，而护理人力不断下降，缺口越来越大，智能服务机器人成为解决未来劳动力问题的重要途径。

2. 服务机器人的技术需求

云化智能机器人在时延上，需要达到人类神经网络时延水平。因此对5G网络时延提出很高要求。时延方面，视觉识别的处理时延在未来有望减低到

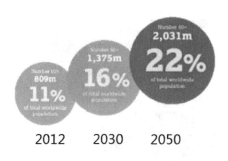

全球中风病人增多,
超过1500万人/每年

中国盲人700万,
低视力1200万

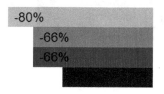

图6-17 未来劳动力短缺问题凸显

80 ms 左右, 要达到人类神经的水平约 100 ms, 留给网络的时延小于 20 ms。带宽方面, 每路摄像头至少 1.2 Mbit/s。上行带宽方面, 自动驾驶类需要 9.6 Mbit/s, AR 辅助手术/诊断需要 39 Mbit/s, 如图 6-18 所示。

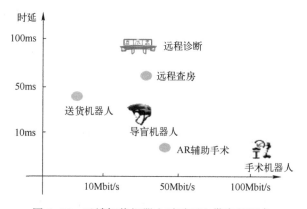

图6-18 云端智能机器人对时延和带宽的要求

3. 服务机器人的应用前景

服务机器人提供种种便捷的服务包括送货、看护、AR 辅助医疗、管家服务、导盲、远程医疗等, 如图 6-19 所示。

随着关键技术的突破与应用场景的逐渐成熟, 智能服务机器人领域存在巨大的发展机遇和市场空间, 未来 5 年将会有 1 亿机器人的连接。预计到 2020 年, 服务机器人年出货量将超过 3100 万, 如图 6-20 所示。

图6-19　云服务机器人提供种种便捷的服务

图6-20　服务机器人年出货量预计

　　预计到2025年，智能家庭机器人的渗透率将到达12%，这将形成数千亿美元的市场，逐渐改变老龄社会的服务模式。某些智能家庭机器人成为智能家庭服务的核心，它们将大幅提升人们的生活质量，并逐渐颠覆人类的生活方式。智能家庭机器人产业将像20世纪的汽车工业一样逐渐改变各行各业，并逐渐影响经济和社会的根本形态。意大利电信2013年成立机器人联合实验室（CARB），研究各种机器人应用，NTT在2015年向客户提供智能服务机器人租借业务。

　　5G时延<1 ms的能力为智能机器提供保障连接。智能服务机器人需要网络连接到云化智能，机器人AI智能部署在云端，控制本地的机器人硬件资源，如图6-21所示。

　　云化后的机器人具有本地机器人无法比拟的4点优势。海量数据的存储能力，教会汽车转弯至少需要223 GB数据，全球2017年的云存储容量达到

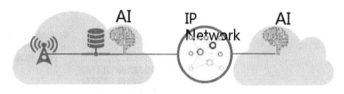

图 6-21　云化智能

615EB；大规模并行计算能力，识别一张 200×200 像素的照片，iPhone6 需要 600 ms，大型服务器 GPU 仅仅需要 2 ms；降低机器人的功耗，本地硬件在 720p 的图片上识别行人，功耗就要达到 10watt；协作能力，机器人通过云共享信息，任务协商化运作。

6.2.3　V2X 智能车联网

1. V2X 的概念

V2X（Vehicle to Everything）即车对外界的信息交换也就是车与互联网的连接。车联网通过整合全球定位系统（GPS）导航技术、车对车交流技术、无线通信及远程感应技术奠定了新的汽车技术发展方向，实现了手动驾驶和自动驾驶的兼容。在 4G 时代，由中国主导的基于 LTE 蜂窝网络的 LTE-V2X 技术，其核心按照全球统一规定的体系架构及其通信协议和数据交互标准，在车与车（V2V）、车与路（V2I）、车与人（V2P）之间组网，构建数据共享交互桥梁，助力实现智能化的动态信息服务、车辆安全驾驶、交通管控等。

LTE-V2X 由中国通信企业在 2013 年底提出，3GPP 的标准化工作启动于 2015 年 2 月，2017 年 3 月核心协议正式冻结。其中，华为、大唐是 LTE-V2X 主要的标准化主导者，也是 3GPP LTE-V2X 研究组（SI）和工作组（WI）的主要报告起草者。中国车联网技术路线规划如图 6-22 所示，2020 年掌握辅助驾驶关键技术及部分自动驾驶技术，2025 年掌握高度或者完全自动驾驶关键技术。

"中国制造 2025"智能汽车联网规划将驱动 5G 部署。在 LTE-V2X 出现之前，市场上主要的车联网技术为美国主导的基于 IEEE 802.11p 的 DSRC，类似于 Wi-Fi，而 LTE-V2X 则是现有蜂窝网络技术的延伸，既能够依托于庞大的 4G 现网资源，并在覆盖、可靠性、时延等各方面大幅领先 DSRC。比如其系统容量更高，可以支持更密集车辆场景；覆盖距离比 802.11p 大约远一倍，可以更早将事故预警通知给相关车辆；传输可靠性亦较 802.11p 高出

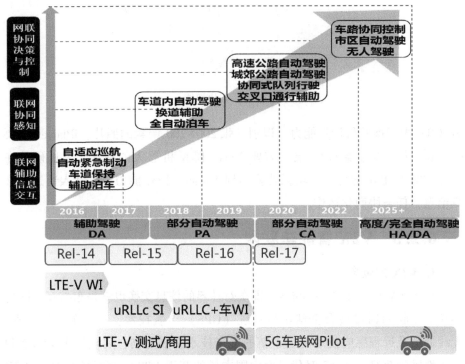

图 6-22 智能网联汽车技术路线图

60%，能够更可靠地将事故预警通知给相关车辆；时延方面，802.11p 在车辆密集场景时延会大幅增加。

此外，面向未来，技术的演进性无疑也是车联网价值链所考虑的重点，DSRC 已经停止演进，LTE-V2X 支持平滑演进到 5G V2X。政府支持层面，在技术中立的前提下，中国政府已经批准 5.9G 频谱作为 5G-V2X 测试频谱，欧洲的德、英、法三国亦立法规定 5.9G 频谱可用于 5G-V2X，如图 6-23 所示。

时延、速率、可靠性以及通信距离是 5G-V2X 智能车联网中需要考虑的重要指标。5G-V2X 业务场景对通信的要求，如表 6-1 所示。

表 6-1　5G-V2X 业务场景对通信的要求

业务场景	通信时延（ms）	数据速率（Mbit/s）	通信距离（m）	通信可靠性
车辆编队	10~25	0.012~65	80~350	90%~99.99%
扩展传感器	3~100	10~53	360~700	90%~99.999%
先进驾驶	3~100	10~1000	50~1000	90%~99.999%
远程驾驶	5	上行 25，下行 1	无限制	99.999%

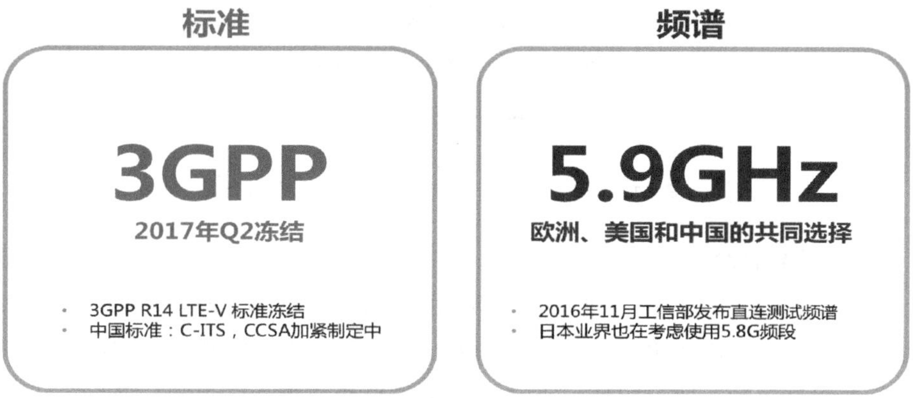

标准
3GPP
2017年Q2冻结
3GPP R14 LTE-V 标准冻结
中国标准：C-ITS，CCSA加紧制定中
频谱
5.9GHz
欧洲、美国和中国的共同选择
2016年11月工信部发布直连测试频谱
日本业界也在考虑使用5.8G频段

图 6-23　5G V2X 标准制定及频谱分配

5G-V2X 技术是 5G 与 V2X 的融合技术，一方面支持 5G eMBB 业务，另一方面支持 V2X，预计到 2022 年，车联网市场规模达 1450 亿美元，运营商价值从连接向 5G-V2X 业务拓展，如图 6-24 所示。

C-V2X Service
V2X Based ADAS
辅助自动驾驶
Telematics
UBI
车队管理
Infotainment
数据流量
CPE
前装市场
后装市场
连接
价值
服务
平台
连接
3G/4G
4G/4.5G
4.5G/5G
技术

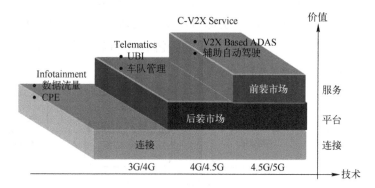

图 6-24　车联网市场规模

全球运营商参与车联网市场，探索平台和业务运营模式，如图 6-25 所示。中国联通与前装市场车厂战略合作，后装易尚 3G、Car-VP；VF 前装市场为 BMW 车内业务提供 SIM 卡，成立车联网论坛 Connected Car Forum；Verizon 收购 Hughes Telematics，发布后装车联网方案，Onstar500 万用户；SK 收购伊爱高新，运营工程机械车联网，与起亚、现代建立 Telematics 运营服务；Sprint 独立提供端到端的保险车联网 UBI 服务，与 Chrysler 联合重新设计 2013 Ram 1500；AT&TUBI 业务运营。

图 6-25　全球运营商参与车联网市场，探索平台和业务运营模式

2. V2X 的价值

利用 5G 技术解决车联网垂直领域用户 V2X 场景的低时延、高可靠、大带宽通信诉求，比如雨雪雾天气减少人与车碰撞、车与车碰撞；红绿灯识别引导红绿灯信息、路况提醒；高速路事故信息快速推送，提醒给车、人、服务平台等，最大程度以辅助提醒的方式减少事故或二次事故，提升出行效率、降低油耗。

基于庞大的产业规模和对新技术的接纳性，汽车行业已然成为物联网走向规模应用的主要切入点和突破口。而 V2X 技术的出现，将真正令车联网从概念照进现实，并极大地推进运营商与车企之间的合作深度与广度。如图 6-26 所示，自动驾驶将降低全球每年 14% 的汽车排放量、拯救全球每年 1.2M 人次、创造全球每年 10000 亿元的经济收入和节省全球 31 亿加仑的汽油使用量。

降低 **14%** 排放/年	拯救 **1.2M** 生命/年	创造 **1000bn** 经济收入/年	节省 **3.1bn** 加仑汽油/年

图 6-26　自动驾驶的价值凸显

此外，自动驾驶的共享将使个人交通成本大幅下降，从每千米 41 美分降至微不足道的每千米 7.46 美分，如图 6-27 所示。

US¢41	US¢18	US¢7.46
今天传统车辆的每千米运营成本	2040年共享自动驾驶车辆的每千米运营成本	2040年多人共享自动驾驶车辆的每千米运营成本

图 6-27　共享自动驾驶将使个人交通成本大幅下降

各国均对自动驾驶有迫切期望并纳入国家发展计划。美国在 2020 年立法强制新车安装 V2V 设备；欧盟在 2025 年自动驾驶大规模应用；中国在 2025 完成自动驾驶生态系统建设；韩国在 2021～2025，V2X 渗透率目标 50%；日本在 2020 年实现全自动驾驶。

3. V2X 应用场景

V2X 应用分为 V2V、V2I、V2N 和 V2P，如图 6-28 所示。V2V 和 V2P 基于广播功能实现车与车、车与人之间的信息交互，例如提供位置、速度和方向信息用以避免车祸的发生。V2I 是车与智能交通设施之间的信息交互。V2N 是车与 V2X 服务器、交警指挥中心之间的信息交互，V2I/V2V/V2N/V2P 之间的交互是一个闭环的生态系统。其中 V2V、V2I 和 V2P 为主要应用场景。

V2V
Vehicle to Vehicle communications
车辆与车辆之间的通信

V2P
Vehicle to Pedestrians communications
车辆与行人间的通信

V2I
Vehicle to Infrastructure communications
车辆与基础设施的通信（红路灯）

V2N
Vehicle to Network communications
车辆联接网络（上网）

图 6-28　V2X 的应用

V2V 安全应用场景。V2V 实现车与车之间的信息交互，给车辆装上第三只眼睛。其场景可以分为四类：直行、转向、交叉路口、变道，如表 6-2 所示。

表 6-2　V2V 安全应用场景

场　景	应　用
直行	前碰撞预警（Forward Collision Warning，FCW）
	失控预警（Lontrol Lostny Warming，CLW）
	紧急制动灯（Electronic Emergency Brake Light，EEBL）
转向	禁止穿越提醒（Do Not Pass Warning，DNPW）
	左转辅助（Left Turn Assist，LTA）
交叉路口	交叉路口辅助（Intersection Movement Assist，IMA）
变道	盲区提醒/变道预警（BSW+LCW，Blind Spot Warning/Lane Change Warning）

（1）前碰撞预警

提示驾驶员前方有碰撞风险，提前减速避让。根据统计的事故数据，将追尾事故分为三种场景：前车停车、前车减速、前车正常行驶。前车停车和前车减速这两种场景发生事故的原因有两个，一为紧挨着本车正前方的车辆停车或减速；二为驾驶员视野范围以外的前方车辆停车或减速。

在原因一的情况下，如果车辆保持足够车距，驾驶员有足够注意前方，这种事故完全可以避免。但是对于原因二的事故，驾驶员不知远处交通状况很难避免此交通事故，这就是为何高速公路上经常会出现连环交通事故。如果 V2V 技术普及，那么驾驶员可以提前制动或变道，减少原因二造成的事故。目前市场上大部分量产车型做的前碰撞预警功能都是借助雷达和摄像头传感器实现。

（2）失控预警

当车辆失控时，将车辆失控信息至少提供给周边左右 1.5 m，前后 150 m 的车辆，周边车辆收到信息后提示驾驶员进行紧急避让，减少事故发生。

紧急电子刹车灯（Electronic Emergency Brake Light）。当周边车辆（不一定在同一车道上）进行紧急制动时，向周边车辆发送急刹预警信号，驾驶员接收到预警信号后提前做好减速、避让准备。这与目前很多市面车型类似，在车速超过一定值，驾驶员紧急制动时，汽车双闪灯会自动点亮。

（3）禁止通过预警

在双向两车道的道路上行驶时，后方车辆想要超过前方车辆，必须要临时占用对向车道，当本车与对向车辆有超车碰撞隐患时，此时及时提醒驾驶员谨慎通过。

（4）左转辅助

如图 6-29 所示，在驾驶员想要进行左转向时，此时对向如果有车辆正在靠近，系统及时提醒驾驶员注意前方车辆。目前仅有当驾驶员打开转向灯时才可触发此功能，未来系统可以不通过转向灯识别驾驶员左转意图，但是也有一定误报风险，毕竟让系统识别驾驶员模棱两可的意图目前还是有一定难度的。

图 6-29　左转辅助场景

（5）交叉路口辅助

交叉路口是交通事故高发区，车辆通过复杂路口时通过 V2V 技术相关通信，理解对方行驶意图，减少事故发生的概率，在无信号灯的路口直行、左转，在有信号灯的路口右转，闯红灯和闯禁行区都有较好的应用，及时提示驾驶员注意路口周边车辆。

（6）盲区/变道预警

如图 6-30 所示，由于车体和内外后视镜在设计上与生俱来的角度问题，导致驾驶者在驾驶车辆的时候，在车身的左右后侧方都存在一个无法根除的视觉盲区，驾驶员很难察觉到视角盲区的车辆，借助于 V2V 技术，驾驶员变道前能够及时察觉到盲区车辆，减少事故的发生。这项功能与通过雷达、红外、摄像头实现变道辅助系统功能类似。

V2I 安全应用场景。V2V 是两个"动态"物体间交互，而 V2I 是"一动一静"物体间的连接，主要有红灯预警、弯道限速预警、限速施工区域预警、天气预警、人行横道行人预警等应用场景。

图 6-30　盲区/变道预警

（1）红灯预警（Red Light Violation Warning）

当车辆接近有交通信号灯的路口，即将亮起红灯，V2I 设备判断车辆无法及时通过此路口时，及时提醒驾驶员减速停车，这与基于摄像头采集到红灯提醒功能类似，但是它的优点是能与交通设施进行通信，尤其是在无红绿灯倒计时显示屏的路口具有"预知"红绿灯时间的作用，减少驾驶员不必要的加速和急刹。

（2）弯道限速预警（Curve Speed Warning）

车辆从平直路面进入转弯工况时，V2I 设备接收到相关弯道限速信号后及时提醒驾驶员减速慢行，这与基于 GPS 地理信息导航提醒或摄像头采集到限速标志提示驾驶员慢行的功能类似。

（3）限速施工区域预警（Reduced Speed/Work Zone Warning）

当车辆行驶至限速区域（如学校）附近时，通过路边 V2I 设备向驾驶员传递显示提示或者仅当车辆超过限定车速时才提示驾驶注意车速。当车辆行驶至限行区域（如燃油车限行、单双号限行、货车限行）、施工区域附近时，通过车载 V2I 设备向驾驶员提示前方即将进入限行区域。

（4）天气预警（Spot Weather Impact Warning）

当车辆行驶至恶劣天气的地带时，如多雾、雨雪天气时，及时提醒驾驶员控制车速、车距以及谨慎使用驾驶员辅助系统，这与目前高速公路边的提示雨雪天气减速慢行的功能类似。

（5）人行横道行人预警（Pedestrian in Signalized Crosswalk Warning）

人行横道线上安装有行人探测传感器，当车辆靠近人行横道时，交通信号设施向周边车辆发送行人信息，提示车辆减速及停车，这与通过雷达或摄像头实现的自动紧急制动（AEB）功能类似。

（6）V2N 安全应用场景

V2N 主要是实现车辆与云端信息共享，车辆既可以将车辆、交通信息发送到云端交警指挥中心，云端也可以将广播信息如交通拥堵、事故情况发送给某一地区相关车辆。V2V 和 V2I 都是代表的近距离通信，而通过 V2N 技术实现远程数据传输。

（7）V2P 安全应用场景

V2P 通过手机、智能穿戴设备（智能手表等）等实现车与行人信号交互，在根据车与人之间速度、位置等信号判断有一定的碰撞隐患时，车辆通过仪表及蜂鸣器，手机通过图像及声音提示注意前方车辆或行人。

（8）道路行人预警

行人穿越道路时，道路行驶车辆与人进行信号交互，当检测到具有碰撞隐患时，车辆会收到图片和声音提示驾驶员，同样行人收到手机屏幕图像或声音提示，这项技术非常实用，因为目前手机"低头党"非常多，过马路时经常有人只顾盯着手机屏幕，无暇顾及周边环境。

（9）倒车预警

行人经过正在经过倒车出库的汽车时，由于驾驶员视觉盲区未能及时发现周边的人群（尤其是玩耍的儿童），很容易发生交通事故，这与借助全景影像进行泊车功能类似。

4. 国内外 V2X 研发进展

目前大部分 V2X 技术还处于测试阶段，尤其是 V2I、V2P、V2M 未能大规模量产。相关通信技术有待于进一步完善，尤其 V2X 技术还处于标准制定阶段，尚未大规模测试，技术成熟度达到量产条件尚未有时间表；V2I、V2N 技术需要相关交通技术设施的配套升级，目前各大汽车市场仅进行智能交通示范测试，未大规模在某一地区部署。

（1）丰田

2016 年在日本销售的最新版本的 Prius、Lexus RX 和 Toyota Crown，都有 ITS Connect 系统可供选择。车辆之间通过两个小天线直接相互通信。发送和接收的消息非常小且频繁，并且不需要太多的处理能力。这三种型号都可以处理 V2I 或车队基础设施的通信。通过记录并发送交通信号灯的当前颜色以及颜色变化间隔秒数等信息，设定不同的信息反馈机制。如果信号灯要换成绿色时，汽车会提示司机。如果即将变成红色，普锐斯将进入积极的再生制动模式，以恢复更多的能量。

除了管理交通信号灯之外，ITS Connect 还会在驾驶时与前方的汽车通信，以改善自适应巡航控制，并让驾驶员知道紧急车辆是否正在朝驾驶员的方向前进。通过 V2V 通信，驾驶员现在有更多的时间来判断刹车或逃避，而不是等待即将发生的碰撞，并且安全系统在最后一秒时才介入。

为了进一步研究联网汽车中 V2V 与 V2I 装置的有效性，丰田将与密歇根交通大学研究所（UMTRI）展开密切合作，投放 5000 辆联网汽车在密歇根州无人驾驶示范区进行测试。丰田美国研发中心位于全世界最大的专用短途通信（DSRC）技术测试地的密歇根州安阿伯市。

（2）通用

凯迪拉克的 V2V 技术是基于 DSRC 和 GPS 信号完成的，它每秒钟可以接收到距离最远 300 m 之外的上千个信号。例如，当车辆靠近城市交叉路口时，它可以接收周边车辆的位置、方向和速度信息，提示驾驶员潜在的风险，这样就能给驾驶员足够的反应时间。常见的危险场景如紧急刹车、湿滑路面和故障车辆。在下一代凯迪拉克娱乐系统，驾驶员可以自定义仪表和抬头显示中的预警设置。

通用汽车是最早开始进行 V2X 研究的汽车厂商之一，2017 年在加拿大和美国市场生产的凯迪拉克 CTS 将标配 V2V 通信，使用联邦通信委员会分配的 5.9 GHz 的频谱，可以提供全速范围内的自适应巡航、前碰撞预警、车道保持等功能。早在 2016 年时凯迪拉克首先将后摄像头影像集成在车内后视镜中，将驾驶员后部视野增加将近 3 倍。2016 年通用在中国对外演示 V2X 通信技术，相信不久的将来在中国地区也会有支持 V2V 技术的车型量产。

（3）奔驰

奔驰一直在追求的是通过革命性技术实现在未来智能出行时能够更加安全、舒适和高效，2018 年奔驰 E－class 车型将具备"Car－to－X Communication"，Car-to-X 技术负责人表示，Car-to-X Communication 是基于广播实现车辆与车辆、车辆与交通设施之间的信息交互，工作时可以让车辆提前看到将要遭遇的工况，提前警示驾驶员和其他车辆。

当车辆接收到风险预警时，Car-to-X 将车辆位置和风险位置做对比，当车辆靠近危险地点时，驾驶员会接收到语音和可视预警，这样可以让驾驶员提前准备，提前调整驾驶行为避免事故发生。V2X 不仅可以减少交通事故，让交通更高效，车流更顺畅。目前奔驰开始启动"Drive Kit Plus"计划，将客户的苹果手机加入到整车网络中，通过 Drive Kit Plus 可以实现所有品牌车辆实现车与车之间通信，同时几乎所有现有车辆都可以通过 iPhone 实现 Car-to-X Communication。

（4）奥迪

奥迪将要成为首家进入基于蜂窝通信的 V2X 技术的汽车厂商，目前已经开始 V2X 的相关测试，奥迪一些车型已经可以和智能交通设施互联，借助于车载 LTE/UMTS 模块，车与车之间能够实现匿名的信息交互用于警示道路上的危险路况。2016 年底，奥迪成为首个将汽车与城市联网、与交通信号灯系统互联的汽车厂商，这套系统称为"Time-to-Green"，车辆可以通过移动通信网络实现与城市交通管理中心连通，这就意味着驾驶员可以知道并根据交通信号灯变化，从而相应地调节自己的车速。作为 V2I 项目的一部分，奥迪最近进行 A9 高速公路的测试，以此来评估联网车辆与交通指示牌之间的交互，这些实时的交通数据将会提示驾驶员限速、超车和封闭的车道。

（5）宝马

2015 年 7 月，宝马宣布成为首家支持 V2I 通信的汽车厂商，用户可以用手机下载 Enlighten App，通过 USB 线将手机与汽车相连，驾驶员可以实时用中控显示屏查看交通信号数据，Enlighten App 帮助驾驶员预测交通信号变化从而提高整车安全，减少不必要的加速从而节约燃料。

Enlighten App 的工作需要这个城市具备一套完整的智能交通网络，目前支持的城市有美国波特兰、尤金、盐湖城，Enlighten App 除了能显示前方交通信号灯状态以外还可以显示倒计时信息。根据当前车辆位置、车速等信号，推荐驾驶员是通过还是等待下一个绿灯。

（6）上汽荣威

上汽是首家公开演示 V2X 技术的中国品牌厂商，计划到 2019 年具备量产条件，上汽的 V2X 技术由上汽集团、中国移动和华为联合开发，在 2017 年上海世界移动大会上签署三方合作框架协议，共同推进 V2X 产业的发展。上汽

集团和同济主要负责在嘉定校区内建设智能网联汽车测评基地，用于V2X各种功能的测试和验证；华为主要负责提供所需的车载设备和网络接入设备等；移动则负责V2X测评基地的网络建设。此外，由上汽和阿里共同打造的"斑马"还负责将V2X提醒功能嵌入到车载多媒体系统中。

（7）奇瑞

奇瑞汽车建成安徽首条V2X测试道路，全长4.4km，涉及8个红绿灯路口，1条隧道。改装开放道路下，行驶车辆10辆，安装路侧设备12套。一期示范道路实现的V2X应用场景包括V2V场景，无红绿灯交叉口碰撞预警、换道辅助/盲区监测、前向碰撞预警、车队间视频传输、前方事故车辆提醒；V2I场景，红绿灯信号提醒+车速引导、隧道提醒、施工路段提醒；V2P场景，路口行人提醒。二期项目主要场景应用包括区域（RSU）交通管理，路侧及车载信息采集传输，云平台搭建实现区域显示及策略控制等，同时二期还将把V2X技术与无人驾驶车辆全面融合，实现智能召唤、自动泊车、动态路径规划等一系列典型应用场景。

自动驾驶领域既需要V2X、也需要摄像头雷达传感器。通过V2X技术接收到的信息可以不受天气、障碍物阻挡的限制，可"看见"摄像头或人眼视野范围以外的物体，在未来无人驾驶中发挥不可替代的作用。

目前V2X技术主要是预警提示驾驶员，人是驾驶行为的主角，在整车控制中起到辅助作用，这与汽车自动化的发展水平有很大的关系。在未来无人驾驶阶段，整车的运动依靠中央驾驶控制单元控制，人从驾驶行为中解放出来，实现从驾驶员到乘员的转变，V2X技术的作用从预警到影响控制整车的制动、转向等。

中国既是世界上最大的乘用车销售市场，也有覆盖全部行政村、城乡道路的庞大5G网络，两相结合预示着极佳的V2X市场前景。V2X终端应用层的配套、后装终端的出现，使得产业进程向前迈进了一大步，在价值链各方推动下，V2X的规模商业应用将不再遥远。

6.2.4 智能制造

1. 传统制造业面临转型

随着移动互联网向智能制造产业的高速渗透和融合，传统制造业正在面临变革和转型。

制造业正逐渐走向服务化。工业和服务业之间的界限将变得模糊。企业正在从基于销售"盒子"的有形产品转向销售产品附加的增值服务。被连接的产品收集和上报用户消费行为数据，企业基于此大数据分析获取消费者使用习惯、消费节奏和新需求，实现大数据精准营销和再次销售，基于连接产生了增值服务。

（1）生产定制方式的转变

大规模的批量生产，将转向以消费者需求为主导的个性化定制生产，从粗放化经营转向小型化、定制化生产。企业随时随地通过网络数据，获取用户的最新喜好和需求进行定制化生产。用户也通过联网，通过可视化的生产过程实现随时随地的进度和质量监控。

（2）销售渠道和环节的转变

基于中间渠道商的营销转向由企业直接面向消费者用户的大数据营销，节约了中间分销渠道环节的成本。既延伸了产品"盒子"本身的价值边界，又打破了企业对中间渠道商的依附，因为"产品本身即是渠道"。

（3）企业网络从自建到租赁模式的转变

企业通过"按需租赁"向运营商租用公用网络降低自建专网的投资和运维成本。借助于定制灵活可扩展的运营商网络资源，企业在降低成本的同时可以聚焦主营业务，大大加快主营业务的创新和上线速度。

2. 智能制造的驱动力

现有制造业机制的产能过剩、供需不平衡的矛盾日益突出。工业互联网及工业大数据的传输和共享将有效调整供需结构、提高生产效率。根据美国通用电气公司的观点，工业互联网在贡献1%的效率提升的同时，将会为各行各业节省上百亿级美元的资本开支。

未来的制造业中，以容量、带宽、存储与数据处理能力更强大的通信基础设施作为保障，越来越多的设备将逐渐取代人工干预，实现灵活的人机交互和智能控制。此外，制造业服务化的变革趋势，将产品边界延伸到产品附加的增值服务，需要建立起产品全生命周期的可连接、可控制的数据信息采集与传输，对随时随地的通信连接能力也产生了刚性需求。

第四次工业革命，各国政府纷纷发布计划，扶持智能制造发展，美国于2011年发布美国先进制造及工业互联网计划、2013年德国发布德国工业4.0计划、日本于2015年发布机器人新战略计划、中国于2015年发布中国制造

2025 计划等。

在智能制造领域，预计到 2025 年，全球制造领域将实现 100 亿连接数；到 2030 年，全球所有工业机器互联网 300 亿连接；到 2035 年，实现信息物理完全融合，如图 6-31 所示。

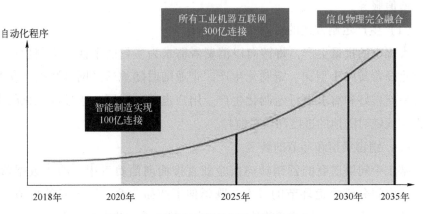

图 6-31 运营商在智能制造领域的机会

3. 智能制造的技术需求

制造业对于将来 5G 网络的能力需求非常严格，5G 弹性网络满足无线连接；永久在线、广覆盖、大连接；1~100 ms 级别的时延；Gbit/s 级别的速率；自集成、自配置、自规划能力；易用、安全和可靠性六大需求。

（1）无线连接

通过无线通信实现免布线的空中连接，灵活适配厂房车间室内室外的复杂物理环境中人和产品、货柜、机器人生产设备的位置移动，并通过服务质量保证室内户外体验一致。

（2）永久在线、广覆盖、大连接

为连续运转的机器、规模数量庞大的产品和工人提供随时随地、无处不在的无线连接，保证生产链各个环节任何位置间物的连接和人的连接。

（3）1~100 ms 级别的时延

智能制造行业种类多，对网络时延的要求也不尽相同，从精细实时控制类的 3D 印刷、纺织业的 1 ms 需求，到汽车生产、工业机器设备加工制造的 10 ms 需求，到大型石油化工食品加工业的 100 ms 的需求，都对无线网络提出了极高的时延需求。

（4）Gbit/s 级别的速率

远程视频控制、基于 VR/AR 的操作和人工智能应用对 5G 的带宽提出了 Gbit/s 的速率要求。

（5）自集成、自配置、自规划能力

全联接化的流水线和生产链的扩容、物联网各通信节点宕机复位、故障链路备份等场景，对网络的自组织（SON）能力和即插即用（Plug and Play）协同能力提出了较高要求。

（6）易用、安全和可靠性

企业通过租赁运营商网络，实现从采购源头到最终消费者的端到端闭环管理，降低网络自建的投资和运维成本。

智能制造业利用 5G 移动网络的连接能力，可以更合理地调配和利用供应链资源，大幅提升生产效率。但这还只是制造业信息化转型的起始发展阶段。5G 在提升企业生产效率的同时将引发生产、销售和商业模式的变革，并最终给制造业和消费者用户带来更多的收益。

4. 智能制造的应用场景

智能制造典型应用场景包括实时的端到端生产流程控制、远程控制、企业内外通信、产品货物联网等，如图 6-32 所示。

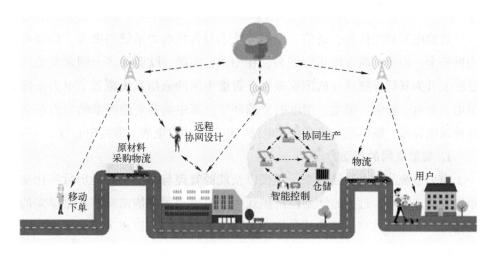

图 6-32　智能制造典型应用场景

（1）智能生产

工业机器人、智能物流等装备在采购、设计、生产、物流等供应链环节

中实现互联互通。各类物理设备连接到互联网上,并拥有计算能力、通信能力,可以被精确地识别、协调和管理,实现可视化生产。

(2)远程控制

基于移动虚拟现实、增强现实应用实现人机智能远程交互和智能控制,用工业机器人代替恶劣环境中人的直接参与,保证安全生产、减少人工误差,同时保证整个制造过程的可控制和可视性。

(3)培训与产品推广

通过移动 3D VR 和 AR 增强现实进行远程教学、客户和员工培训和产品营销推广。

产品生命周期覆盖了原材料采购、设计、生产、仓储物流、交付、售后、增值服务各个环节。因为 5G 网络的无线连接、高速、低时延的能力,早期将被企业用户引入到智能工厂实现人机交互和协同控制的小范围应用场景。随着生产设备和产品联网需求逐渐增多,为简化网络管理和保证业务体验的一致性,企业用户将直接向运营商租赁 5G 网络以支持整个供应链环节的信息化管理,实现一张网络统一管理产品生命周期的高效与低成本管理。

6.2.5 智能电网

智能电网利用信息、通信、控制等技术与传统电力系统相融合,提高电力网安全、稳定、高效的运行能力,在中国、美国、欧盟等多个国家及地区已经上升为基础设施高度的国家战略。智能电网的通信系统覆盖了电力系统发电、变电、输电、配电、用电的全部环节,其中具有通信需求的节点包含各种发电设施、输电配电线路、变电站、电厂、用户电表、调度中心等。

1. 智能电网的驱动力

电力系统的发电设施形态、规模以及能源管理与控制正在经历数字化变革的挑战。同时,过去的计划经济模式由发电侧到用电侧末端节点是单向的传送方式,随着共享经济模式的兴起,用电侧用户也可以成为供电者,共享闲时能源形成双向利用模式。这些变革对构建大容量、高速、实时、安全稳定的智能电网提出了需求。

(1)技术需求多样化

智能电网五大环节对通信网络的安全可靠性、带宽、时延、覆盖的要求各不相同，现有的任何一种通信系统的技术能力很难同时满足所有需求。

（2）跨区域联合控制

各个区域能源分布和用电分布的情况极不均衡，需要诸如"南电北送"的跨网段调配和协同管理。以智能电网中的变电站自动控制为例，数据信息从之前的单站级到网络级的传输，对长距离、高效、安全的骨干输电网的传输和保障产生了极高要求。

（3）可持续发展、效率及共享经济

基于标准化定义的网络是智能电网应对长达20年生命周期可持续发展的有效平台。此外，远程智能抄表和调度不仅能提高人力效率，而且能够全面反映电量使用和运行数据。终端用户通过共享经济模式出售闲时能源，节约用电的同时并有效补偿局域供电紧张的问题。美国政府对38家电力公司做过的调查显示，通过智能电表的普及以及支持双向传输方式的能力，将提供全局用电信息，用户在高峰期可通过自行限制、避开高峰等措施减少11%的用电量。

因为5G通信网络的无线空中连接能力，基础设施建设不需要依赖于电网电力线设施的建设，且抗灾能力较强，尤其在山地、水域等复杂地貌特征中相比于光纤、短距离组网通信的施工及网络恢复更加高效快捷。同时，5G网络技术具有超大带宽、非视距传输、广域无缝覆盖和漫游等优点，优秀的整体组合性能可以满足未来智能电网的多样化需求。

2. 智能电网的技术需求

智能电网要求广覆盖、大带宽和大连接。通信网络跨越整个国家的长距离连续通信，数据中心对实时数据集中处理，要求高带宽、大数据量的支持。

此外，智能电表、关口表等数量庞大的客户计量数据的接入和通信也对覆盖、带宽和连接数及覆盖提出了较高要求。例如大型城市的智能电表装机量过千万，每天从每块电表向集中器及数据中心上传大量的计量数据。

毫秒级-秒级的时延。智能电网对电力流传输和调度以及电力设备的安全及时监测的实时性要求很高，现有4G网络技术在连接并发数高负荷运行的同时很难同时保证20 ms的通信时延，需要通过更高连接能力的5G网络技术实时掌控电网运行状态，隔离故障自我恢复，避免大面积电力事故的发生。

Gbit/s级别的速率。远程高清视频控制、虚拟现实、增强现实的操作提供可视化通信功能，识别并及时预警电力环节中的故障和指导快速恢复。主

干输电网的传输带宽达到 Gbit/s 或更高，满足接入传输网数量庞大的变电站和控制中心的带宽要求。通常，每个智能变电站的带宽需求为 0.2~1.0 Mbit/s，每百万数字电表的带宽需求为 1.85~2.0 Mbit/s，每万个智能传感器的带宽需求为 0.5~4.75 Gbit/s。

灵活、兼容、可扩展性。智能电网因规模扩大以及分布式能源接入等因素，在保证传统集中式大电源正常接入的同时能兼容太阳能、风能等分布式新型能源的接入。

电信级安全。电力系统的窃听、攻击涉及大规模社会生产和人们的生命财产安全，为确保对电力系统控制能够做出及时且准确的响应，需要比以往任何时候更加强调电信级的数据保密性和安全性。

3. 智能电网的应用场景

从智能电网覆盖的 5 大环节来看，无线通信技术主要包含 4 大应用场景，即分布式新型能源的并网管理、输变电网络的智能管理、配电网的智能管理和远程智能抄表。

（1）分布式新型能源的并网管理

5G 网络覆盖广、容量大、实时性、可靠性、可扩展性的优势有效实现水力、风力、太阳能等新型能源设施的并网管理，应对新型能源的随机性、间歇性和调峰能力的不均衡性以及双向流动模式所带来的并网管理挑战。

（2）输变电网络的智能管理

输电网、变电设备及其他电力设备的在线实时监测、调度、视频监控现场作业、户外设施状态等全自动化控制和管理，及时响应可能发生的非正常扰动并快速处理。

（3）配电网的智能管理

配电网设施的在线实时监测和自动化管理可以提高各个设备的传输和利用效率，并且能够在不同的用电区域之间进行电力能源的及时配置和调度。

（4）远程智能抄表

对用电信息、电能质量等数据采集和分析，以及在此基础上实现的增值服务，如远程家电控制、家庭安防、闲时共享用电等。英国政府预计，若全国 2600 万家庭安装智能电表，可以为用电客户和能源公司在随后的 20 多年中节省支出 25 亿~36 亿英镑，减少 3%~15% 的能源消耗，社会效益和环境效益明显。

6.3 大规模机器通信

6.3.1 智慧城市

智慧城市就是运用信息和通信技术手段感测、分析、整合城市运行核心系统的各项关键信息，从而对包括民生、环保、公共安全、城市服务、工商业活动在内的各种需求做出智能响应。其实质是利用先进的信息技术，实现城市智慧式管理和运行，进而为城市中的人创造更美好的生活，促进城市的和谐、可持续成长。随着人类社会的不断发展，未来城市将承载越来越多的人口。5G 时代的到来，响应智慧城市的建设号召，以万物互联为目标，构建大规模物联网领域，同时大幅度提高网络容量、连接密度。实现每平方公里内百万终端连接构想，提高人与机器、机器与机器等之间的连接能力。

5G 网络以高优先级接入为标准，提供安全可靠的弹性的大带宽的网络服务。可实现多渠道大连接保证实时信息来源如监控摄像头、无人机、传感器等，实时计算分析缩短侦查时间并提高辨识准确度，保证公共安全网络之间的连接以及其与其他商业网络的连接，如图 6-33 所示。

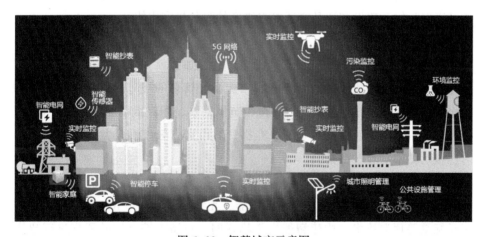

图 6-33　智慧城市示意图

智慧城市是 5G 典型的应用场景。5G 将是像水、空气一样的新型智慧城市生存和运转必备要素。5G 作为建设新型智慧城市的技术利器，以技术进步创新城市应用，丰富智慧城市内涵。5G 将是支撑社会态势感知能力的基础设

施，是实现畅通化沟通渠道的技术途径。在5G时代，互联网更多以物联网的形式存在，将城市融为一体。

建设智慧城市是转变城市发展方式、提升城市发展质量的客观要求。通过建设智慧城市，及时传递、整合、交流、使用城市经济、文化、公共资源、管理服务、市民生活、生态环境等各类信息，提高物与物、物与人、人与人的互联互通、全面感知和信息利用能力，从而能够极大提高公共管理和服务的能力，极大提升人民群众的物质和文化生活水平。建设智慧城市，会让城市发展更全面、更协调、更可持续，会让城市生活变得更健康、更和谐、更美好。

近年来，智慧城市理念在世界上悄然兴起，许多发达国家积极开展智慧城市建设，将城市中的水、电、油、气、交通等公共服务资源信息通过互联网有机连接起来，智能化做出响应，更好地服务于市民学习、生活、工作、医疗等方面的需求，以及改善政府对交通的管理、环境的控制等。建设智慧城市已经成为历史的必然趋势，成为信息领域的战略制高点。

1. 智慧城市的典型应用

智慧城市是一个包含的智慧公共服务、智慧城市综合体、智慧政务城市综合管理运营平台、智慧安居服务、智慧教育文化服务、智慧服务应用、智慧健康保障体系建设和智慧交通等多维度的服务与应用体系。

（1）智慧公共服务

建设智慧公共服务和城市管理系统。通过加强就业、医疗、文化、安居等专业性应用系统建设，通过提升城市建设和管理的规范化、精准化和智能化水平，有效促进城市公共资源在全市范围共享，积极推动城市人流、物流、信息流、资金流的协调高效运行，在提升城市运行效率和公共服务水平的同时，推动城市发展转型升级。

（2）智慧城市综合体

采用视觉采集和识别、各类传感器、无线定位系统、RFID、条码识别、视觉标签等顶尖技术，构建智能视觉物联网，对城市综合体的要素进行智能感知、自动数据采集，涵盖城市综合体当中的商业、办公、居住、旅店、展览、餐饮、会议、文娱和交通、灯光照明、信息通信和显示等方方面面，将采集的数据可视化和规范化，让管理者能进行可视化城市综合体管理。

（3）智慧政务城市综合管理运营平台

智慧和平城市综合管理运营平台包括指挥中心、计算机网络机房、智能监控系统、和平区街道图书馆和数字化公共服务网络系统 4 个部分内容，其中指挥中心系统囊括政府智慧大脑 6 大中枢系统，分别为公安应急系统、公共服务系统、社会管理系统、城市管理系统、经济分析系统、舆情分析系统，可满足政府应急指挥和决策办公的需要，对区内现有监控系统进行升级换代，增加智能视觉分析设备，提升快速反应速度，做到事前预警、事中处理及时迅速，并统一数据、统一网络，建设数据中心、共享平台，从根本上有效将政府各个部门的数据信息互联互通，并对整个和平区的车流、人流、物流实现全面的感知，该平台在和平区经济建设中将为领导的科学指挥决策提供技术支撑作用。

（4）智慧安居服务

智慧安居服务充分考虑公共区、商务区、居住区的不同需求，融合应用物联网、互联网、移动通信等各种信息技术，发展社区政务、智慧家居系统、智慧楼宇管理、智慧社区服务、社区远程监控、安全管理、智慧商务办公等智慧应用系统，实现居民生活"智能化发展"和社区智能化管理。

（5）智慧教育文化服务

建设智慧教育文化体系。建设完善教育城域网和校园网工程，推动智慧教育事业发展，重点建设教育综合信息网、网络学校、数字化课件、教学资源库、虚拟图书馆、教学综合管理系统、远程教育系统等资源共享数据库及共享应用平台系统。提供多渠道的教育培训就业服务，建设学习型社会。继续深化"文化共享"工程建设，积极推进先进网络文化的发展，加快新闻出版、广播影视、电子娱乐等行业信息化步伐，加强信息资源整合，完善公共文化信息服务体系。构建旅游公共信息服务平台，提供更加便捷的旅游服务，提升旅游文化品牌。

（6）智慧服务应用

推进传统服务企业经营、管理和服务模式创新，实施现代智慧服务产业转型。智慧服务主要包括智慧物流、智慧贸易等典型应用。

（7）智慧物流

配合综合物流园区信息化建设，推广射频识别（RFID）、多维条码、卫星定位、货物跟踪、电子商务等信息技术在物流行业中的应用，建设基于物联网的物流信息平台及第四方物流信息平台，整合物流资源，实现物流政务

服务和物流商务服务的一体化，推动信息化、标准化、智能化的物流企业和物流产业发展。

（8）智慧贸易

支持企业通过自建网站或第三方电子商务平台，开展网上询价、网上采购、网上营销、网上支付等电子商务活动。积极推动商贸服务业、旅游会展业、中介服务业等现代服务业领域运用电子商务手段，创新服务方式，提高服务层次。结合实体市场的建立，积极推进网上电子商务平台建设，鼓励发展以电子商务平台为聚合点的行业性公共信息服务平台，培育发展电子商务企业，重点发展集产品展示、信息发布、交易、支付于一体的综合电子商务企业或行业电子商务网站。

（9）智慧健康保障体系建设

重点建设"数字卫生"系统。建立卫生服务网络和城市社区卫生服务体系，构建全市区域化卫生信息管理为核心的信息平台，促进各医疗卫生单位信息系统之间的沟通和交互。以医院管理和电子病历为重点，建立全市居民电子健康档案；以实现医院服务网络化为重点，推进远程挂号、电子收费、数字远程医疗服务、图文体检诊断系统等智慧医疗系统建设，提升医疗和健康服务水平。

（10）智慧交通

建设"数字交通"工程，通过监控、监测、交通流量分布优化等技术，完善公安、城管、公路等监控体系和信息网络系统，建立以交通诱导、应急指挥、智能出行、出租车和公交车管理等系统为重点的、统一的智能化城市交通综合管理和服务系统建设，实现交通信息的充分共享、公路交通状况的实时监控及动态管理，全面提升监控力度和智能化管理水平，确保交通运输安全、畅通。

2. 智慧城市对社会生活的影响

智慧城市以智慧的理念规划城市，以智慧的方式建设城市，以智慧的手段管理城市，用智慧的方式发展城市，从而提高城市空间的可达性，使城市更加具有活力和发展潜力。

（1）智慧城市能够改善城市和居民之间的关系。借助智慧城市的发展，来提升政府电子政务和基础设施的等级。智慧城市通过优化整合各种资源，城市规划、建筑让人赏心悦目，让生活在其中的市民可以陶冶性情、降低压力感，从而适合居住、工作的全面性城市。

（2）智慧城市让人们的生活更加智能，信息技术无处不在。智慧城市是发展数字经济的重要平台和载体，伴随着4G、5G网络智能终端的普及，移动互联网加速发展，移动互联网应用已经深入大众生活的方方面面。在流量和网速的同时提升下，现代人的生活已经离不开移动互联网。

（3）智慧城市平衡公共服务资源。由于公共资源在地域、时间利用及类型利用上存在严重失衡，智慧城市的发展需因地制宜。不能否认的是互联网让我们的生活更加"公平"，智慧城市的发展则会帮助这些资源做到更加平等。比如共享单车的出现不仅节能，而且减排。

6.3.2　无人机

无人机被称为"空中机器人"，从1917年第一架无人机诞生到现在近100年时间，无人机技术持续进步，尤其是微电子、导航、控制、通信等技术，极大地推动无人机系统的发展，促进无人机系统在军用和民用领域的应用。民用无人机拥有规模不亚于军用无人机的巨大市场。未来的无人机将集成更多的机器人技术和更先进的算法，装备更多的传感器，加载更多的任务载荷设备，接入外部网络，智能化地完成各种复杂的任务。

1. 无人机工作原理

无人机上安装由飞行控制系统，视频采集设备、无线图像发射机、电池等组成，如图6-34所示。将无线图像发射机与电池固定在无人机底部，运用馈线将发射天线垂直安装在机尾（也可根据用户需求进行安装）。将无人机视频源与发射机连接，使其形成完整的无人机无线视频发射系统。无人机无线视频发射机发射的信号通过地面无线图像接收平台接收，接收平台可以清晰地将无人机采集到的图像显示在显示屏幕上，也可通过平台外接口将视频信号传至其他显示/存储设备上。同时地面接收平台可内嵌网络传输模块，将视频信号运用网络传输方式，传至后端中心站。

根据视频信号网络传输方式的不同，需要额外加装的模块也不同，如果采用蜂窝网加云服务器的方式，那么在飞机上加装一个5G的通信模块，将云台采集编码完的数据实时推送至云服务器。而遥控器端可以通过5G，甚至于有线网从云服务器上实时的拉流进行播放，用RTMP或者HLS格式都可以。优点是不局限于飞机和遥控器的相对距离，但是技术成本和传输成本相对较高。

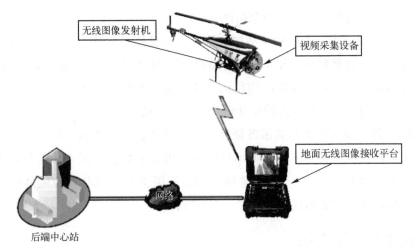

图 6-34　无人机工作原理示意图

民用无人机用途极为广泛，未来市场主要集中于农林植保、影视航拍、电力巡检等领域。借鉴美国对民用无人机监管逐步放松的历程，以及国内民用无人机政策的规范和低空空域改革的深化，我国民用无人机行业将呈现爆发式增长。

2. 无人机的技术需求

随着无人机的发展，从地面向天空发展的新时代正在到来，联网无人机将成为新的主流移动终端之一。5G 无线网络低时延的应用以及低空覆盖技术的成熟，无人机和无线网络的结合将会越来越紧密。3GPP 中规定低空覆盖网络指标，无线网络需满足空口时延 <50 ms、上行速率 > 50 Mbit/s、可靠性>99.999%的要求。

3GPP 定义的 5G 网络的低时延、高可靠、高密度等性能完全可以满足无人机业务的网络需求。无人机低空飞行的特性对网络的低空覆盖能力提出需求，面向 4G/4.5G 可采用传统的功率控制等来满足覆盖的要求，但宽波束在垂直方向覆盖的弊端无法克服。而 5G 的 massive MIMO（多天线阵列）技术相比传统波束天然有垂直覆盖的优势，通过 5G massive MIMO 天线技术可以在不新增硬件的前提下完成低空覆盖，如图 6-35 所示。

3. 无人机的典型应用场景

无人机在各行业应用领域有着出色功能和无限潜力，无人机联网未来应用场景丰富，无人机 6 大典型应用场景分别为风机巡检、精准农业、基础设施测绘及地理信息获取、电力巡检、公共安全和物流无人机。

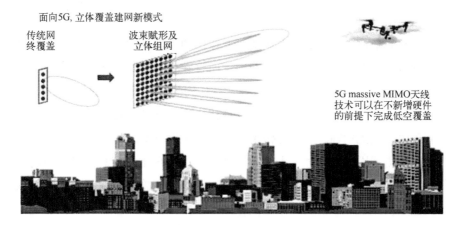

面向5G, 立体覆盖建网新模式

传统网
终覆盖

波束赋形及
立体组网

5G massive MIMO天线
技术可以在不新增硬件
的前提下完成低空覆盖

图 6-35　5G 的立体覆盖网络

（1）风机巡检

安全和效率是现代化的能源设施巡检与维修系统的首要要求。传统手段在大型设施巡检中很难达到两者的统一。使用无人机可从空中对大型的设施进行巡检。相对而言，风力发电机的巡检更为复杂，也更具挑战。目前，巡检风力发电机需要将工作人员运送到高空中进行作业。不仅有很大的安全隐患，而且需要在巡检前停工，影响发电效率。与传统手段相比，使用无人机让风力发电机巡检变得安全、便捷。如图 6-36 所示，无人机定位精准，可从空中接近风力发电机，巡检人员的安全风险大幅降低。而且先进的环境感知避障功能与精确到厘米级的稳定飞行定位技术，可有效避免撞击事故，确保飞行安全。随着风力发电机组越来越多地布局海上，无人机智能巡检方式的优势将愈发明显。

图 6-36　无人机巡检

（2）精准农业

在农作物监测方面，通过农业从业者在田地中巡查农作物长势并判断虫害状况，这种传统监测方式不仅耗时费力，而且在植被密集区域会受到很大的局限。通过无人机，农业从业者可在快速巡查作物的同时对农田进行绘图和建模，大幅提升工作效率。在灌溉管理方面，现代大型农场通常面积广阔，田地的灌溉依赖于多个灌溉枢轴。玉米等作物生长到一定高度时，检测喷灌设备是否送水过量就变得很困难。通过无人机为管理者精准呈现水量信息，进一步优化灌溉策略和积水区域的管理效率。在喷洒方面，植保和施肥对保障农作物健康生长至关重要。一直以来，喷洒作业依赖人工或大型喷洒机。但人力喷洒过于低效，而大型喷洒机的使用费用高昂。人机载重高达 10 kg，单次飞行可以喷洒40000 平方米农田，比人力作业的效率提升了 60 倍。如图 6-37 所示。

图 6-37　无人机技术在农业中的应用

（3）基础设施测绘及地理信息获取

1）房地产和建筑检测

无人机在房地产行业也有着诸多应用，无人机带给客户和房产经纪独特的视角，航拍影像以全新的方式展示建筑，一方面无人机的广阔视野能充分展示楼盘和周边环境，让客户感受建筑的魅力；另一方面，通过无人机与室内摄影结合，为地产商提供低成本、高效的创意演示工具。此外，如图 6-38 所示，在传统的建筑检测中，检测人员如需要近距离观察墙壁和屋顶时，通常要搭建脚手架，不仅费时、耗资较大，而且危险性高。而无人机在飞行中即可拍摄数百张1600万像素图片或清晰的4k视频。通过高清图传，工作人员在地面即可对建筑进行实时检测，提前发现建筑问题隐患，使维修工作更加快速、高效。

图 6-38　无人机在建筑监测中的应用

2）交通基础设施维护

当今城市经济的发展很大程度依赖于交通基础设施。定时检修对于维持城市运营效益及公共安全至关重要。无人机通过航拍摄影测量软件，空中拍摄的影像，可精准还原成地面坐标。如图 6-39 所示，无人机还能用于交通监控，以前用直升机才能获得的俯瞰监控效果，现在用无人机就能实现。高效的全局监控能力，可减少交通意外与堵塞，针对占用应急车道、车辆加塞等情况进行查处。

（4）电力巡检

输电线和铁塔构成了现代电网，输电线路跨越数千公里，交错纵横，电塔分布广泛、架设高度高，使得电网系统的维护困难重重。以往电力巡线工作通常是通过直升机来完成，现在，先进的无人机技术让电力巡线工作变得更简单、高效。无人机在线路架设牵引及线路巡检上方式灵活、成本低，不仅能够发现杆塔异物、绝缘子破损、防震锤滑移、线夹偏移等缺陷，还能够发现金具锈蚀、开口销与螺栓螺帽缺失、查找网络故障点等人工巡检难以发现的缺陷，如图 6-40 所示。

图 6-39　无人机在交通监控中的应用

图 6-40　无人机在电力巡检中的应用

（5）公共安全

无人机在搜救、消防、救灾和执法上发挥着不可替代的作用。

1）搜救

搜救工作分秒必争，提升响应速度就能拯救更多生命。无人机采用先进的 FLIR 热成像技术，让搜救人员能迅速将相机与无人机结合，部署热成像航拍系统，并突破光线和环境的限制，即使在黑夜、浓烟或树林中也可轻松辨识搜索目标，显著提升搜救效率。

2）消防

借助无人机消防员快速探查火源，在安全区域对火灾现场进行实时监控。无人机相机让消防队更清晰地观测火势蔓延路径，并评估可能出现危险的建筑或区域，为指挥人员及时提供信息，做出最有效的现场决策，如图 6-41所示。

图 6-41　无人机在公共安全中的应用

3）救灾

在灾害发生后的短时间内，可以使用无人机确定需要紧急救援的区域，将信息准确反馈给政府与救援机构，协助政府与救援机构高效地调配救援人员和物资，拯救更多的生命。

4）执法

公共安全部门正面临着经费限制和执法环境复杂的挑战。公众对治安稳定的期望和执法难度在不断提升。因此，公共安全部门在多变的环境下保持敏捷响应显得尤为重要。通过车载无人机，每个执法人员都可以拥有广阔的空中视角，及时发现和排除安全隐患，保护公众的生命和财产。

（6）物流无人机

物流也是设想中无人机的一大应用场景，各大物流和电商公司（如亚马逊、DHL、京东、顺丰等）均提出和实施了各自的物流无人机研究计划，虽然多数项目还远未进入实用阶段，甚至有些还停留在初期设计，但是在可预见的将来，物流无人机的应用势必会越来越广泛。如图6-42所示，首先，相对于地面运输，无人机物流具有方便快速的优点，特别是在拥堵的城市和偏远的山区运送急需物品，则可能比陆运节省80%的时间，而且按照发达国家经验，高层建筑势必会越来越多地配备直升机停机坪，也能够方便无人机起降。其次，无人机物流可以有效节省人力资源的消耗，将复杂环境下和大批量的投递任务交给人和地面车辆，而将简单场景下的小批量的投递任务交给无人机，从而可以更充分地发挥人力的高效率，减少体力消耗。此外，在极端条件下，无人机可以轻松抵达地面车辆无法到达的区域，例如在应急救援物资的投送任务中，无人机配合直升机可以大大提高投送效率。

图6-42 无人机在物流中的应用

无人机在行业中创造巨大价值。预计到 2020 年，仅国内市场航拍无人机出货量将超过 576 万台，整个无人机行业产值将达 1273 亿美元。无人机联网后，市场空间将扩大一倍，行业利润及涉足厂家都将成倍增长，如图 6-43 所示。

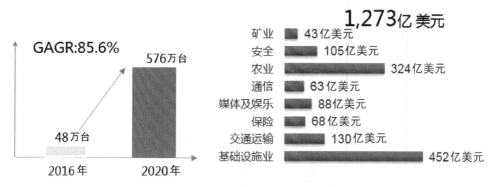

图 6-43　无人机行业创造巨大价值

结　束　语

信息时代，人们对通信技术的依赖性越来越强，对通信技术的要求也越来越高。通过移动通信技术的不断升级和发展，从而更好地满足移动用户日益增长的需求。因此全球多个国家和组织机构都在积极推进5G标准的制定与研究，争取抢占先机。

为满足移动通信的发展及需求，5G预计在2020年进行商用。相比现今流行的4G移动通信，5G在资源利用率、传输速率以及频谱利用率等方面都有明显优势，而且在用户体验、传输时延、无线网络的覆盖性能等方面也会得到大幅度的提高。从目前来看，全球对5G技术的研究，还需进一步完善，将来还需要进行标准化、外场试验、技术研究等阶段，最后才能实现商用部署。尽管产业界和学术界对5G技术和概念仍然在进行深究，还没形成相对的标准，但是对5G标准的大方向，现在产业界和学术界基本上达成了共识。总体来说，5G的研究处于关键发展阶段，各技术研究进展迅速，而未来围绕用户需求、规模性、成本能耗等因素进行的标准化和技术评估等，仍有大量工作亟待完成。

本书详细介绍了移动通信网络的发展历程和国内外5G研究进展，深入分析了5G网络架构、部署策略、网络规划等方面取得的成果和面临的挑战。从5G全频谱、新空口、新架构以及新特性这4个方面，深入全面地介绍了5G的关键技术及最新进展，分析关键技术的优缺点及未来可研究方向。随着研究的不断深入，5G的各项关键技术将逐步明确，并且在未来的几年会进入标准化的研究与制定阶段。最后，重点介绍移动宽带MBB、超可靠机器类通信、大规模机器通信5G三大应用场景与典型用例，未来的5G网络将更加开放、智能、灵活。

5G网络将以人为本，以业务为中心作为发展方向，在终端、无线、业务、网络等领域进行融合以及创新，以快速高效响应用户需求和提供持续高质量的业务体验。并在网络、无线、业务、终端等多个领域进行发展和完善，同时5G还将带来用户感知、获取、参与以及控制信息能力的根本性的变革。5G网络将会兼容现有的所有通信标准，动态地满足未来可能的所有需求。

5G也是以物为基础的通信，如车联网、物联网、智慧城市、新型智能终端，这些应用对网络要求和以人为基础的通信要求有很大区别，如M2M在消息交换的应用中对速率要求不高，时延也不敏感，而不同的物联网场景对网络性能要求也不尽相同，这就要求5G时代网络更加具有"智慧"。

　　5G 移动通信技术的应用可以满足人类的诸多想象，并借助技术之力在生活的品质化、生产的物联之间持续提升人们的生活体验。虽然 5G 的应用正处于初级阶段，但从 4G 的应用效果来看，5G 的应用将会产生极大的改变，尤其是 5G 技术可以将现阶段的工业产业链 "6+1" 模式简化到 "4+1"，带动我国 "互联网+" 应用发展新潮流，进一步振兴我国制造业。同时这也为更多的就业者提供了可期待的创新方向。

附　录

3GPP，The 3rd Generation Partner Project，第三代合作伙伴计划，成立于 1998 年 12 月的标准化机构。目前其成员包括欧洲的 ETSI、日本的 ARIB 和 TTC、中国的 CCSA、韩国的 TTA 和北美的 ATIS。

5G NR，5G New Radio 即 5G 新空口，基于 OFDM 的全新空中接口的，全球 5G 标准接口，旨在支持各种各样的 5G 设备、服务、部署及频段。5G 无线接入架构由 LTE 演进和新的无线接入技术（NR）组成，它与 LTE 不向后兼容，工作频段为 1~100 GHz。

AAU，Active Antenna Unit 即有源天线处理单元，BBU 的部分物理层处理功能与原 RRU 合并为 AAU，原 BBU 基带功能部分上移，以降低 DU–RRU 之间的传输带宽。

AMF，Access and Mobility Management Function 即认证管理功能，主要功能为 NAS 信令中介、NAS 信令安全性保障、3GPP 网络内跨 CN 信令传递、注册去管理、系统内和系统间移动性支持，接入认证。

API，Application Programming Interface 即应用程序编程接口，是一些预先定义的函数，目的是提供应用程序与开发人员基于某软件或硬件得以访问一组例程的能力，而又无需访问源码，或理解内部工作机制的细节。

AR，Augmented Reality 即增强现实，是一种实时地计算摄影机影像的位置及角度并加上相应图像、视频、3D 模型的技术。

CA，Carrier Aggregation 即载波聚合，是将 2 个或更多的载波单元（Component Carrier，CC）聚合在一起以支持更大的传输带宽，每个 CC 的最大带宽为 20MHz。为了高效地利用零碎的频谱，CA 支持不同 CC 之间的聚合，相同或不同带宽的 CCs。同一频带内，邻接或非邻接的 CCs，不同频带内的 CCs。

CAPEX，Capital Expenditure 即资本性支出，计算公式为 CAPEX＝战略性投资+滚动性投资。资本性投资支出指用于基础建设、扩大再生产等方面的需要在多个会计年度分期摊销的资本性支出。

CDN，Content Delivery Network 即内容分发网络，通过在现有的 Internet 中增加一层新的 CACHE（缓存）层，将网站的内容发布到最接近用户的网络"边缘"的节点，使用户可以就近取得所需的内容，提高用户访问网站的响应速度。从技术上全面解决由于网络带宽小、用户访问量大、网点分布不均等原因造成的问题，提高用户访问网站的响应速度。

CIOT，Cognitive IoT 即消费物联网，由于物联网含义过于宽泛，所以在不同的行业中便会引申出各类术语，比如还有工业物联网（IIoT），消费物联网（CIoT）是消费应用类中的物联网，是我们平常最常接触到的程序、用例和设备集合的统称，应用实践案例有家庭安全和智能家居、家庭医疗（血压和心率带等）、可穿戴设备和个人资产追踪等。

CO，Central Office 即中心局，用户通信线路之间交叉处的交换中心。

CoMP，Coordinated Multipoint Transmission/Reception 即多点协作传输，CoMP 传输是指地理位置上分离的多个传输点，协同参与为一个终端的数据传输或者联合接收一个终端发送的数据，参与协作的多个传输点通常指不同小区的基站。CoMP 技术将边缘用户置于几个基站的同频率上，几个基站同时为该用户服务，以提高边缘用户的覆盖性能。采用 CoMP 可以降低小区间干扰，主要是可以提升小区边缘用户的频谱效率。

CPE，Common Phase Error 即公共相位误差，由于载波频偏导致接收信号的载波不再正交而产生公共相位误差。

CPRI，Common Public Radio Interface 即通用公共无线接口，采用数字的方式来传输基带信号。

CQI，Channel Quality Indicator 即信道质量的信息指示，代表当前信道质量的好坏，和信道的信噪比大小相对应，取值范围为 $0\sim31$。CQI 取值为 0 时，信道质量最差；CQI 取值为 31 的时候，信道质量最好。

CRS，Cell Reference Signal 即小区参考信号，作用下行信道质量测量，如RSRP；下行信道估计，用于 UE 端的相干检测和解调。位置，每个下行子帧都有，特殊子帧的下行导频时隙也有。在一个 RB 内，频域上每隔 6 个子载波一个参考信号，时域上每隔三个符号位一个，具体的位置排列跟 CELLID 有关。

CSI-RS，Channel-State Information Reference Signal，下行参考信号，专用于 LTE-A 下行链路传输的信道估计。

CU，Centralized Unit 即集中单元，5G 的基站功能重构为 CU 和 DU 两个功能实体，CU 与 DU 功能的切分以处理内容的实时性进行区分。CU 主要包括非实时的无线高层协议栈功能，同时也支持部分核心网功能下沉和边缘应用业务的部署。

DCI，Data Center Interconnect 即数据中心互联，数据中心广域网二层互联。

DM-RS, Demodulation Reference Signal 即解调参考信号, 在 LTE 中用于 PUSCH 和 PUCCH 信道的相关解调。

DU, Distributed Unit 即分布单元, DU 主要处理物理层功能和实时性需求的层 2 功能。考虑节省 RRU 与 DU 之间的传输资源, 部分物理层功能也可上移至 RRU 实现。

eCPRI, Ethernet Common Public Radio Interface 即以太化的通用公共无线电接口, 采用分组化以太网接口, 旨在提升效率, 匹配 5G 前传网络对速度和带宽的相关要求。

eMBB, Enhance Mobile Broadband 即增强移动宽带, 3GPP 定义 5G 的三大场景之一, 应用频段为 6 GHz 以上频段和 6 GHz 以下频段, 用户面时延 4 ms。主要提供 3D/超高清视频等大流量移动宽带业务, 对于用户体验等性能的进一步提升。包括以下各类场景及应用, 如家庭、企业、场馆、移动/固定/无线、非 SIM 设备、智能手机、VR/AR、4K/8K UHD、广播等。

eNB, Evolved NodeB 即演进型基站, LTE 中基站的名称, 相比现有 3G 中的 NodeB, 集成了部分 RNC 的功能, 减少了通信时协议的层次。

EPC, Evolved Packet Core 即演进型分组核心网, 4G 的核心网, 该系统的特点为仅有分组域而无电路域、基于全 IP 结构、控制与承载分离且网络结构扁平化, 其中主要包含 MME、SGW、PGW、PCRF 等网元。

EPS Fallback, 针对 NR 终端; 在 NR 发起语音起呼时, 由 NR 网络控制下回退到 4G, 由 VoLTE 提供语音; 需考虑在呼叫建立时与 VoLTE 的业务连续性互操作。EPS fallback 方案允许 5G 终端驻留在 5G NR, 但不在 5G NR 上提供语音业务; 当终端发起语音呼叫时, 网络通过切换流程将终端切换到 LTE 上, 通过 VoLTE 提供语音业务; 该方案在 5G 部署初期可作为语音提供过渡方案, 以避免 VoNR 方案产业不成熟无法提供语音业务。

FDD, Frequency Division Duplex 即频分双工, 移动通信系统中使用的全双工通信技术的一种, 与 TDD 相对应。FDD 采用两个独立的信道分别进行向下传送和向上传送信息的技术。为了防止邻近的发射机和接收机之间产生相互干扰, 在两个信道之间存在一个保护频段。

gNB、NR NodeB、3GPP 定义 5G 基站名称, 相当于 4G 的 eNB。

IoT, Internet of Things 即物联网, 物联网是物物相连的互联网。有两层意思, 其一, 物联网的核心和基础仍然是互联网, 是在互联网基础上的延伸和扩展的网络；其二，其用户端延伸和扩展到了任何物品与物品之间，进行信息交换和通信，也就是物物相息。物联网通过智能感知、识别技术与普适计算等通信感知技术，广泛应用于网络的融合中，也因此被称为继计算机、互联网之后世界信息产业发展的第三次浪潮。

ITU，International Telecommunication Union 即国际电信联盟，国际电联是主管信息通信技术事务的联合国机构，负责分配和管理全球无线电频谱与卫星轨道资源，制定全球电信标准，向发展中国家提供电信援助，促进全球电信发展。

KPI，Key Performance Indicator 及关键性能指标，是通过一系列的 PI 或者计数器计算后的值，也是评价无线网络运行能力和质量的重要依据和客观标准。

LTE，Long Term Evolution 即长期演进，是由 3GPP 组织制定的 UMTS 技术标准的长期演进，于 2004 年 12 月在 3GPP 多伦多会议上正式立项并启动。

LTE-A，Long Term Evolution-Advanced 即增强型-长期演进，LTE-Advanced 是 LTE 的演进，满足 ITU-R 的 IMT-Advanced 技术征集的需求，LTE-A 不仅是 3GPP 形成欧洲 IMT-Advanced 技术提案的一个重要来源，还是一个后向兼容的技术，完全兼容 LTE。

MAPL，Maximum Allowed Path Loss 即最大允许路径损耗，用于链路预算中计算最大覆盖距离。

MDAS，Multiservice Distributed Access System Solution，是一种多业务分布系统，可支持多家运营商、多制式、多载波，并集成 WLAN 系统，一步解决语音及数据业务需求，与传统模拟分布系统相比，同时具备混合组网、时延补偿、自动载波跟踪、上行底噪低等特点。

MEC，Mobile Edge Computing 即移动边缘计算，通过在无线接入侧部署通用服务器，为移动网边缘提供 IT 和云计算的能力，强调靠近用户。MEC 使得传统无线接入网具备了业务本地化和近距离部署的条件，从而提供了高带宽、低时延的传输能力，同时业务面下沉形成本地化部署，可以有效降低对网络回传带宽的要求和网络负荷。MEC 一方面可以改善用户体验，节省带宽资源，另一方面通过将计算能力下沉到移动边缘节点，提供第三方应用集成，为移动边缘入口的服务创新提供了无限可能。

mMTC，Massive Machine Type Communication 即大规模物联网业务，3GPP

定义 5G 的三大场景之一，应用于 6G 以下频段，特点是低成本、低能耗、小数据量、大量连接数。它包括以下各类场景及应用，智能抄表、智能农业、物流、追踪、车队管理等。

NFV，Network Function Virtualization 即网络功能虚拟化。NFV 技术是针对 EPC 软件与硬件严重耦合问题提出的解决方案，这使得运营商可以在那些通用的服务器、交换机和存储设备上部署网络功能，极大地降低时间和成本。

NSA，Non-Standalone 即非独立组网架构，基于 NSA 架构的 5G 载波，仅承载用户数据，其控制信令仍通过 4G 网络传输，其部署可被视为在现有 4G 网络上增加新型载波进行扩容。运营商可根据业务需求确定升级站点和区域，不一定需要完整的连片覆盖。同时，由于 5G 载波与 4G 系统紧密结合，5G 载波与 4G 载波间的业务连续性有较强保证。在 5G 网络覆盖尚不完善的情况下，NSA 架构有利于保证用户的良好体验。由于重用现有 4G 系统的核心网与控制面，NSA 架构将无法充分发挥 5G 系统低时延的技术特点，也无法通过网络切片实现对多样化业务需求的灵活支持。

OPEX，Operating Expense 即运营成本，计算公式为 OPEX =维护费用+营销费用+人工成本（+折旧）。运营成本主要是指当期的付现成本。在 BPR 考核指标中，常见的指标是 Opex/收入率，即运营成本比收入，以此来衡量考核对象在控制付现成本方面的绩效。

OTN，Optical Transport Network 即以波分复用技术为基础、在光层组网网络的传送网。

PDCP，Packet Data Convergence Protocol 即分组数据汇聚层协议，PDCP 是对分组数据汇聚协议的简称，负责将 IP 头压缩和解压、传输用户数据并维护为无损的无线网络服务子系统（SRNS）设置的无线承载的序列号。

PHY，Physical Layer 即物理层，OSI 的最底层，是整个开放系统的基础。物理层为设备之间的数据通信提供传输媒体及互联设备，为数据传输提供可靠的环境。

PMI，Precoding Matrix Indicator 即预编码矩阵指示，用来指示码本集合的 index，由于 LTE 应用多天线的 MIMO 技术。

PT-RS，Phase-Tracking Reference Signals，相位追踪参考信号，主要用于补偿相位噪声。

RAN，Radio Access Network 即无线接入网，是移动通信系统中的一部分。

它是无线电接入技术的实现。它存在于一个设备，例如，一个移动电话，一个计算机，或任何被远程控制的机器与核心网之间，提供两者间的通信连接。

RAT，Radio Access Technologies 即无线接入技术，是指通过无线介质将用户终端与网络节点连接起来，以实现用户与网络间的信息传递。无线信道传输的信号应遵循一定的协议，这些协议即构成无线接入技术的主要内容。

RI，Rank Indication 即秩指示，用来指示 PDSCH 的有效数据层数。用来指示 eNB，UE 现在可以支持的 CW 数。

RTT，Round-Trip Time 即往返时延，表示从发送端发送数据开始，到发送端收到来自接收端的确认（接收端收到数据后便立即发送确认），总共经历的时延。

SA，Standalone 即独立组网架构，从接入网到核心网完全由 5G 载波来承载用户控制信令和数据；SA 架构的主要特色在于能够提供更为多样化的、目前 4G 网络无法支持的业务，如低时延、高可靠等业务应用；NSA 仅是从 4G 向 5G 的过渡选项，而 SA 架构才是 5G 发展的真正目标，投资力度相对比较大。

SBA，Service-Based Architecture 即服务化架构，是 5G 网络的基础架构。SBA 的本质是按照"自包含、可重用、独立管理"三原则，将网络功能定义为若干个可被灵活调用的"服务"模块。基于此，运营商可以按照业务需求进行灵活定制组网。SBA 为网络功能服务+基于服务的接口。网络功能可由多个模块化的"网络功能服务"组成，并通过"基于服务的接口"来展现其功能，因此"网络功能服务"可以被授权的 NF 灵活使用。其中，NRF（NF Repository Function，NF 存储功能）支持网络功能服务注册登记、状态监测等，实现网络功能服务自动化管理、选择和可扩展。控制面被分为 AMF 和 SMF，单一的 AMF 负责终端的移动性和接入管理；SMF 负责对话管理功能，可以配置多个。用户面由 UPF（用户面功能）节点掌控大局，UPF 也代替了原来 4G 中执行路由和转发功能的 SGW 和 PGW。

SDL，Supplementary Downlink Frequency 即补充下行频段，在 4G 中，针对 FDD 与 TDD 分别划分了不同的频段，在 5G NR 中也同样为 FDD 与 TDD 划分了不同的频段，同时还引入了新的 SUL 频段，辅助下行传输。

SDN，Software Defined Network 即软件定义网络，SDN 技术是针对 EPC 控制平面与用户平面耦合问题提出的解决方案，将用户平面和控制平面解耦可

以使得部署用户平面功能变得更灵活，可以将用户平面功能部署在离用户无线接入网更近的地方，从而提高用户服务质量体验，比如降低时延。

SLA，Service Level Agreement 即服务水平协议，是关于网络服务供应商和客户间的一份合同，其中定义了服务类型、服务质量和客户付款等。

SPN 是一种新的传输网技术体制，其转发面基于 "Segment Routing transport profile" + "Slicing Ethernet" + "DWDM"，控制面采用 SDN，分别在物理层、链路层和转发控制层采用创新技术，来满足 5G 及未来传输网络需要。业务层采用 SDN L3+SR 的业务组网，满足业务灵活调度需求。通路层基于 FlexE 的端口与端到端组网能力，提供网络分片和低时延应用。物理层、接入层采用 25GE/50GE 组网，核心汇聚采用高速率以太或者以太+DWDM 组网。

SRS，Sounding Reference Signal，信道探测参考信号，用于估计上行信道频域信息，做频率选择性调度；用于估计上行信道，做下行波束赋形。

SSB，Synchronization Signal Block 即同步信号块，在 5G NR 中，主同步信号（PSS）、辅同步信号（SSS）和 PBCH 共同构成一个 SSB（SS/PBCH Block），SSB 在时域上共占用 4 个 OFDM 符号，频域共占用 240 个子载波（20 个 PRB），用于小区搜索的过程。

SUL，Supplementary Uplink Frequency 即补充上行频段，在 4G 中，针对 FDD 与 TDD 分别划分了不同的频段，在 5G NR 中也同样为 FDD 与 TDD 划分了不同的频段，同时还引入了新的 SDL 频段，辅助上行传输。

TCO，Total Cost of Operation 即总运营成本，是一种公司经常采用的技术评价标准，它的核心思想是在一定时间范围内所拥有的包括置业成本和每年总成本在内的总体成本。在某些情况下，这一总体成本是一个为获得可比较的现行开支而对 3~5 年时间范围内的成本进行平均的值。

TDD，Time Division Duplex 即时分双工，移动通信系统中使用的全双工通信技术的一种，与 FDD 相对应，是在帧周期的下行线路操作中及时区分无线信道以及继续上行线路操作的一种技术。

UDN，Ultra Dense Deployment 即超密集组网，是通过更加密集化的无线网络基础设施部署，实现极高的频率复用，可以令热点地区（办公室、地铁等）系统容量获得几百倍的提升；要点在于通过小基站加密部署提升空间复用方式。目前，UDN 正成为解决未来 5G 网络数据流量 1000 倍以及用户体验速率 10~100 倍提升的有效解决方案。

UE, User Equipment 即用户设备, 是移动通信中一个重要概念, 3G 和 4G 网络中, 用户终端称为 UE, UE 包含手机、智能终端、多媒体设备、流媒体设备等。

UMTS, Universal Mobile Telecommunications System 即通用移动通信系统, 第三代移动电话技术, 使用 WCDMA 作为底层标准, 由 3GPP 定型, 代表欧洲对 ITU IMT-2000 关于 3G 蜂窝无线系统需求的回应。

UPF, User Plan Function 即用户平面功能实体, 具备分布式的数据转发和处理功能, 提供更动态的锚点设置, 以及更丰富的业务链处理能力, UPF 代替了原来 4G 中执行路由和转发功能的 SGW 和 PGW。

URLLC, Ultra Reliable & Low Latency Communication 即超高可靠超低时延通信, 3GPP 定义 5G 的三大场景之一, 应用于 6 GHz 以下频段, 空口时延应小于 1 ms。特点是高可靠、低时延、极高的可用性。它包括以下各类场景及应用, 工业应用和控制、交通安全和控制、远程制造、远程培训、远程手术等。

V2X, Vehicle-to-Everything 即车对车的信息交换, 是未来智能交通运输系统的关键技术。它使得车与车、车与基站、基站与基站之间能够通信。从而获得实时路况、道路信息、行人信息等一系列交通信息, 从而提高驾驶安全性、减少拥堵、提高交通效率、提供车载娱乐信息等。

VONR, Voice Over New Radio, 与 4G 的 VoLTE 一样, 5G 也要支持语音业务, 3GPP 为 5G 语音命名为 VoNR, 在 5G NR 网络之上, 将语音通过 IP 包来传输。

VR, Virtual Reality 即虚拟现实, 虚拟现实技术是一种可以创建和体验虚拟世界的计算机仿真系统, 它利用计算机生成一种模拟环境, 是一种多源信息融合的、交互式的三维动态视景和实体行为的系统仿真使用户沉浸到该环境中。

网络切片, 将物理网络划分为多个虚拟网络, 每一个虚拟网络根据不同的服务需求, 比如时延、带宽、安全性和可靠性等来划分, 以灵活应对不同的网络应用场景。

参 考 文 献

[1] 杨峰义，谢伟良，张建敏，等．5G 无线网络及关键技术 ［M］．北京：人民邮电出版社，2017.

[2] 小火车，好多鱼．大话 5G ［M］．北京：电子工业出版社，2016.

[3] 刘光毅，黄宇红，向际鹰，等．5G 移动通信系统：从演进到革命 ［M］．北京：人民邮电出版社，2016.

[4] 朱晨鸣，王强，李新，等．5G：2020 后的移动通信 ［M］．北京：人民邮电出版社，2016.

[5] 王映民，孙韶辉，高秋彬，等．5G 传输关键技术 ［M］．北京：电子工业出版社，2017.

[6] 杨峰义，张建敏，王海宁，等．5G 网络架构 ［M］．北京：电子工业出版社，2017.

[7] 陈鹏，刘洋，赵嵩，等．5G 关键技术与系统演进 ［M］．北京：机械工业出版社，2015.

[8] 陈敏，李勇．软件定义 5G 网络 ［M］．武汉：华中科技大学出版社，2017.

[9] 啜钢，高伟东，孙卓，等．移动通信原理 ［M］．2 版．北京：电子工业出版社，2016.

[10] 俞一帆，任春明，阮磊峰，等．5G 移动边缘计算 ［M］．北京：人民邮电出版社，2017.